U0176655

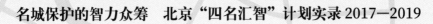

名城保护的智力众筹 北京"四名汇智"计划实录 2017—2019

"四名汇智"计划秘书处
北京市西城区历史文化名城保护促进中心 编

中国建筑工业出版社

主编单位：

    "四名汇智"计划秘书处

    北京市西城区历史文化名城保护委员会青年工作者委员会

    北京市西城区历史文化名城保护促进中心

参编单位：

    "四名汇智"计划入选团队

协编单位：

    "四名汇智"计划理事单位

支持单位：

    北京市西城区历史文化名城保护委员会办公室

    北京市规划和自然资源委员会西城分局

    北京市西城区众志城市营造促进中心

    北京市城市规划设计研究院

有这样一群人，他们是学生、设计师、艺术家、记者、"码农"，是老人、小朋友、外乡人、外国人、老北京，他们活跃在胡同里、大殿中、展场上、朋友圈里，用展览、讲座、探访、演出、大数据、VR 等各种创意和手段让名城保护的理念深入人心。他们希望用微小却真诚的力量，保护和记录自己热爱的城市和珍视的故乡。他们虽然自视力量"微小"，实际上却唤起了千万民众对历史名城文化资源的"寻找与守望"。

他们是名城保护的有缘人，他们有一个共同的名字——"四名汇智"计划。

和"四名汇智"相识是在 2017 年的冬天，当时我受邀参加西城区名城委一年一度的年会。在专家领导的报告中间，我发现了一群特殊的身影，这是一群来自四面八方的社会公众，他们带着自己为传播名城保护理念而开展的活动、制作的产品、研究的成果聚集在一起，热烈而兴奋地展示和交流，分享着他们对"名城保护"朴素而真诚的理解。在他们的身上，我看到一种"主人翁"般的自豪，名城保护对于他们而言不是遥不可及的历史，也不是高深的学问，而是一种使人内心愉悦的体验，一份不应被推卸的责任，一种流淌在血液中的自觉。在这份自豪感的驱使下，每一位普通的社会公众都成为自发行动的文化传播者，让名城保护的种子播撒到每一个角落。

近年来，随着人们对名城保护认知的不断完善，越来越多的社会力量也参与到这份事业当中，形成了各具特色的名城保护公众参与机制和实践。但在诸多实践之中，"四名汇智"计划的工作方法独特而有效，它充分调动社会公众和社会主体主动参与名城保护，运用公众智慧去探索更丰富多元的名城价值传播方式，让更多公众认识名城、理解名城、保护名城、传承名城文化，让名城保护成为社会大众的普遍共识。这样的机制设计让"四名汇智"

在短短四年之中迅速发展壮大，并始终保持着前进的动力，不仅积蓄了越来越丰富的能量，更唤起越来越多的人对名城保护浓厚的热情。

文化遗产保护是亿万民众都应参与的社会事业。作为一个在文化遗产领域摸爬滚打了 40 年的名城有缘人，我至今仍对这份事业满怀热情。这份热情年轻而充满力量，真挚而殷切，让我时刻想把它分享给更多人。我相信，因"四名汇智"计划而走到一起的每一位名城有缘人，也必定怀着与我同样的心情。此时此刻，我想对你们表达我的敬意，并请你们相信自己所做的一切是有价值的。在历史文化的厚重面前，每个个体的努力微不足道，但当它们汇集到一起，就成为一股不容忽视的力量。名城保护因为每个普通人的身体力行而变得真实而鲜活。

有你们同行，我感到很欣慰，很自豪。

故宫博物院原院长　单霁翔

2021 年 1 月 12 日

西城区名城委 2014 年会主旨发言（摘录）

大家都知道，在北京市委市政府，特别是北京名城委的具体指导之下，西城区在首都名城保护工作当中居于非常重要的位置，三千多年的建城史，八百六十多年的建都史，很重要的一部分是体现在西城，我们一般称之为京城西翼文化带。我们如何认识历史文化名城保护工作呢？

这些年在中央和北京市委具体指导下对历史文化名城的认识越来越深刻，在 2013 年 12 月份习近平总书记在中央城镇化工作会议上指出城市建设要体现尊重自然，顺应自然，天人合一的理念，要依托现有的山水脉络等独特风光，让城市融入大自然，让居民望得见山，看得见水，记得住乡愁。还要融入现代元素，更要保护和弘扬传统优秀文化，延续城市历史文脉。习近平总书记 2014 年年初来北京视察工作时发表重要讲话，指出经过中华人民共和国成立后六十多年的建设，北京已经成为一个保有古都风貌的现代化大城市，传承和保护好这份宝贵的历史文化是首都的职责。要求我们本着对历史和人民负责的精神，传承城市历史文脉，下定决心，舍得投入，处理好历史文化和现实生活，保护和利用的关系，该修则修，该用则用，该建则建。

北京市委在十一届五次会议上也指出，北京具有丰富的历史文化遗产和深厚的历史文化底蕴，这是北京得天独厚的优势，加强对这些宝贵遗产的保护是北京市民义不容辞的责任。在城市的发展进程当中，我们要高度重视和妥善处理好古都保护和现代建设的关系，一方面要不断融入现代元素，使城市设施更加符合现代生活的要求，另一方面还要保护和弘扬优秀的传统文化，延续文脉，承载乡愁，努力建设一个传统文化与现代文明交相辉映的历史文化名城。

通过对以上中央和北京市重要精神的学习，我们感觉到，在北京保护历史文化名城不仅仅是物质空间的保护，而是系统全面的立体性的保护，西城区在研究历史文化名城保护工作中构建了"四名"全方位的工作体系。

所谓的"名城"是指传统意义上狭义的名城保护工作，主要是指历史文化的物质空间。这在西城区有着丰富的内涵，西城老城区面积31.11平方公里，占西城全区总面积的61%，占整个北京老城区面积接近50%，包括北京八百六十多年建都史，从金中都的太液池到德胜门的箭楼，以及城墙遗址，还有现在的皇城遗址，这在西城区不断延续。

同时，西城区还有国家级、市级、区级各类文保单位共计181处，普查在册的文物181项，挂牌院落244个。这里有名人故居，还有工业遗产、历史街区以及各类精美的胡同。在历史街区里现存的胡同有500多条，最早的可以上溯到辽代。还有历史水系、名木古树。根据区委工作的安排，特别是王宁书记在2012年就提出，西城区要加强历史文化名城保护工作，必须把保护工作骨架建立起来，我们提出了"文道"，就是从永定门到钟鼓楼，"商道"从开阳桥到新街口；绿道沿着护城河，构建起整个历史文化名城保护的骨架。这是"名城"物质空间上现有的资源和目前掌握的情况。

什么是"名业"？就是支撑历史文化名城的业态和我们的行为，

主要体现在各类老字号和非物质文化遗产上。西城区老字号资源非常丰富，拥有 95 家老字号，占市级老字号 50% 以上，其中54 家获得了中华老字号。各类非物质文化遗产数量多，包括国家级、市级、区级，有民间、文学、舞蹈、戏曲、曲艺、传统的技艺、医药、民俗等。西城区还有 32 所百年老校，最早可以上溯到 1724 年的清朝八旗右翼宗学堂，即现在的北京三中。这些学校现在为我们整个基础教育也发挥着重要作用。

面向未来，"名业"要体现出活力，必须依托现有科技和文化手段，进一步支撑新的文化产业。包括我们的高新技术产业、金融业等，这些均是城市活力所在。

历史文化名城离不开人，人是名城的灵魂和代表。西城区历史上"名人"辈出，全区名人故居 96 处，从王府到会馆，有众多著名的政治家、文学家、艺术家等。人们至今依然经常到名人故居参观。现今，西城区著名的科学家、教育家、艺术家、企业家、经济学家等也在为国家建设作出重要的贡献；还有很多非物质文化遗产传承人也发挥着重要的作用。面对未来，我们要发挥优秀的基础文化资源优势，为国家继续培养更多的栋梁之材，让他们真正成为名城的继承者和建设者。

在"名城、名业、名人"的基础上，必须要构筑"名景"。"名景"可以从几个层次理解，一个是现有的建筑形成的城市景观，让我们感到赏心悦目，经常在城市里看到很多人拿着摄影机、相机，在清晨、傍晚拍摄美景。同时"名景"也是各类文化活动的载体，现在很多的活动都是名城重要组成内容，当然更重要的是我们将历史文化名城名景作为思想深处的文化记忆，可以去看，去参与，当然更可以去感受。

以上是我们对于历史文化名城保护工作在这些年的探索，形成了

"四名"立体化工作格局和体系的思考。这可以总结为——新旧融合，交相辉映，以人为本，享受美好。

北京市西城区原区长　王少峰

2014 年 12 月 9 日

目 录

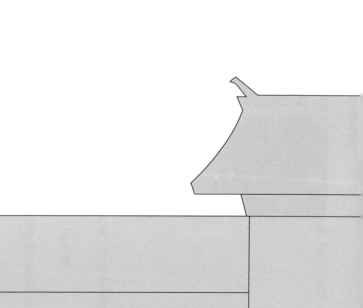

第一部分

"四名汇智"解析

文化遗产传播视角下寻找公共政策和公共文化产品的生成路径——"四名"的功能与演变

Finding the Path of Constructing Public Policy and Public Cultural Products Under the Perspective of Cultural Heritage Communication : the Function and Evolution of Beijing SiMing System

齐 欣　玄增星

作者简介

齐欣
人民日报海外版高级编辑,《世界遗产》周刊主编,硕士生导师。

玄增星
《中国青年报》冰点周刊记者。

摘要

"四名"即"名城""名业""名人""名景",每一项都有着政府工作体系和社会公众参与不同外延下的双重定义。作为文化公共政策的"四名"体系可以定义为:是历史文化名城保护资源的集合;是包含政府工作在内的社会个体、群体、团体,围绕文化公共利益进行长期生产、生活活动的行为规则;是形成、延续遗产地精神的价值增值过程。北京市西城区"四名"现有工作体系,在"十三五"至"十四五"期间,可发展为一项文化公共政策,并在遗产地和遗产地构成的文态空间内,指导生成多用、好用、可复制的公共文化产品。结合"四名"公共政策内涵和文化遗产传播理念,公益志愿者在西城区范围内进行了持续至今的社会参与实践。

Summary

The definition of the SiMing system integrating "historical town, traditional business, celebrities, sceneries preservation" concept is perceived both from working process of government system and public participation. As a cultural policy, the SiMing system can be defined in three levels. First, it is protected resource collections of historical and cultural cities. Second, it is the rule of producing and living related to public cultural interest obeyed by individuals, groups and institutions. Third, it is the process of value increment which preserves and extends the Spirit of Place. During China's 13th and 14th Five-Year Plan, the existing working process of Xicheng District's SiMing system can be developed as a cultural policy, which can give guidance to produce useful and duplicatable public cultural products in cultural space composed of heritages. On the basis of combining SiMing public policy and cultural heritage communication concept, volunteers have conducted social participation and practice in Xicheng District, which continues to this day.

关键词：文化遗产传播；公共政策；公共文化产品；"四名"文态空间

Keywords: heritage communication; public policy; public cultural products; The SiMing Cultural Space

保护文物、文化遗产和历史文化名城已经成为我国的基本国策，并已作为社会共识，逐步融入当代人的生活。

在由点状保护向风貌化保护的转变态势下，保护理念的社会普及逐步浸入至更加复杂的局面：各种信息相互对冲，社会受众价值观多元。保护的效果，更多取决于传播能力和传播体系的有效贯通。如果我们以文化遗产的价值视角去看待历史文化名城，再从信息流动的空间效果来观察"人的聚落"，就会比较容易对"历史文化名城"中的"名"作出判断；也会将社会文化力的提升归结为寻找"多用、好用、可复制"的公共政策和公共文化产品。2016年，"十三五"期间，我们还较少耳闻"文态空间"的理念，也很少将文态空间与传播交织成的时空叠加在一起，去刻意寻找资源的位置与功效。在全国各地，虽然有众多的实践经验，但尚未找到令人信服、可以实现"管用、适用、可复制"的公共实例。此时，受到北京市历史文化名城保护、区域社会发展、全球范围的文化遗产理念等内外因素推动，北京市西城区的"四名"（名人、名业、名城、名景）工作，凭借简单、明确和综合的特点，已经开始从政府工作理念发展为政府工作体系；并且衍生出从区域性的、阶段目标式的内部工作形式，向可以持续使用的基础性原则进行再次转化的强烈需求——也就是成为一项稳定的、全社会皆可以使用的公共政策，并以不断的发展来阐释遗产地精神。

"文化遗产视角下的城区：中轴线西侧——西城区'四名'的功能和演变"课题，应用了文化遗产传播的方法，探讨了在遗产地时空下，"四名"体系的理论构成；同时，更着眼于发现其生成文化公共政策和公共文化产品的途径与前景。

在"十四五"即将到来之际再次对这一课题进行研判，以及延续至今的后续观察，仍能具体反映出一项文化遗产保护公共政策发展的过程信息和启示。

1 以文化遗产传播效果，重新判读"四名"的公共价值

1.1 西城区已有的资源条件，在全国范围具有前端性和典型性

历史文化名城保护是一项高度集成、多认知、多领域、多部门、全社会的共同事业，执行难度极大，失败的例子比比皆是。成功的示范只能来自于社会认知进步、行政能力娴熟、实践过程完整、对文化遗产价值理解准确而前瞻的地区。其中，社会基础、文化遗产容量、参与者与利益相关者以及规则，构成了这一时空中的基本内容。

西城区位于北京市中心城区西部，是首都功能核心区的重要组成部分，辖区面积 50.7 平方千米。西城区历史悠久、资源丰富、功能齐备、活力旺盛，是分析中国当代"人的聚落"发展的典

型样本，对不同规模的文化遗产保护工作具有潜在的普及适用意义（图1）。

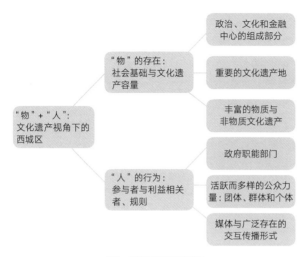

图1 文化遗产视角下的资源

1.2 "四名"的功能与演变

1.2.1 "四名"的优点
（1）简单
历史文化名城保护中的资源构成，从来没有如此容易地被使用者记住。这是文化遗产保护和历史文化名城保护的利益相关者、参与者、观察者最容易提纲挈领使用的方法。
（2）立体
"四名"不仅代表了物质存在，也表达了工作方法，还易于叠加更多的功能。

1.2.2 "四名"目前的弱点和难点
在"四名"发展过程中，"四名"也包含了一些尚未解决的弱点和难点。

（1）交叉

每个具体含义之间有地理面积和保护观念上的重合。

（2）混淆

名称与法律法规中的用法有使用上的区别（表1）。

表1

不同语境下"名城"的涵义

词典中的"名城"	法律法规中的"名城"	"四名"中的"名城"	
		西城区的理解	课题组的理解
著名的城市 ——《辞海》	保存文物特别丰富并且具有重大历史价值或者革命纪念意义的城市，由国务院核定公布为历史文化名城 ——《中华人民共和国文物保护法》第14条	名城指对历史街区、街巷胡同、建筑、古树名木等物质要素为主的地理实体空间的建设和保护，以及环境秩序、人居环境改善等工作	指某一聚落中代表历史文化名城和文化遗产价值的所有物质要素集成，包含文物单体、历史街区、街巷胡同、建筑、古树名木等；以及在整体性原则之下，对这些要素构成的地理实体空间进行的建设、保护及改善

1.2.3 "四名"由政府工作体系，开始出现转化为公共政策的需求

经过多年发展，"四名"自身具备了特征与功能。

"十三五"期间，历史文化名城保护工作，需要从"内部工作"向"外部参与"转化，由政府自己执行向社会认同转化。

文化遗产保护的理念和中国文物保护发展的现实要求，都在呼唤有效的文化遗产保护公共政策。

1.3 "四名"作为文化公共政策的概念表述

1.3.1 作为政策整体的"四名"定义

定义受到如下要求约束：

第一，表达文化遗产保护的理念：真实、完整的遗产特征。

第二，由内部工作理解向社会化理解靠拢。

第三，可以组建理论化的体系。

在此基础上，作为政策整体的"四名"定义可表述为以下内容。

"四名"是历史文化名城保护资源的集合；是包含政府工作在内

的社会个体、群体、团体，围绕文化公共利益进行长期生产、生活活动的行为规则；是形成、延续遗产地精神的价值增值过程。

1.3.2 这一定义中蕴含的基本要点

"历史文化名城保护资源的集合"：涉及文化遗产保护中的最主要的保护对象"物"。

包含政府工作在内的社会个体、群体、团体，围绕文化公共利益进行长期生产、生活活动的行为规则：涉及文化遗产保护中的实施者对象"人"。这里的"人"既包含了所有从事文化遗产保护的参与者，也包含了在遗产地中，受文化遗产保护政策影响而进行日常生活活动的民众；还包含了人的思想认知过程。

需要特别指出的是，作为公共政策的"四名"，此时已经包含并超越了原有的政府行为占据绝大比例的"工作体系"范畴，从而上升为全社会都可以对此理解并应用的公共行为规则。

"形成、延续遗产地精神的价值增值过程"："遗产地精神"是在文化遗产保护过程中，随着对文化遗产价值内涵的深入了解和大遗址类型的风貌保护出现而生成的保护理念。该理念作为文化遗产共识在 2008 年的《有关保护遗产地精神的魁北克宣言》中首先出现。其中最关键的部分，与理论性和现实功能逐步强化的"四名"政策，在价值取向和应用意义上都十分契合。

"遗产地精神被界定为有形（建筑物、遗址、景观、线路、可移动文物等）和无形因素（记忆、故事、文献、仪式、节日、传统知识、价值观、用色、气味等），也就是说给遗产地带来特殊意义、价值、情感和神秘色彩的物质和精神元素。"

"遗产地精神为当地的生活提供了一种更全面的理解，与此同时，也对历史遗迹、遗址和文化景观的永久存在性进行了更综合的阐释。"

"它用一种更丰富、更动态、更包容的视角来看待文化遗产。"
——《有关保护遗产地精神的魁北克宣言》国际古迹遗址理事会
第 16 届全体会议暨纪念魁北克建城 400 周年庆典。

本研究认为：文化遗产和历史文化名城视角下，北京市、西城区
具有的"遗产地精神"，并不简单等同于"北京精神"。但是，遗
产地精神与"金名片"表达的含义有着很高的重合度。报告详细
介绍"遗产地精神"，是基于当时在西城区及其上一级行政文件、
规划和法律法规中，尚未频繁出现以"遗产地精神"为导向的理
解应用。这其中一部分原因，是"遗产地精神"需要经过在某一
个或者某一类人的聚落中，进行大量的实践。这个实践过程所需
要的内外动力，恰恰西城区和"四名"全部具备。将"四名"的
内涵，融入"遗产地精神"的价值范畴，对于验证北京城市的文
化先进性，有着直接的、明确而易于理解的支援意义。

文化遗产意义上的"遗产地精神"，在具体应用到作为政策的"四
名"中时，具有如下特点：

遗产地精神，是超越遗产地自身的、代表人类发展史上独特位置
的价值体现，凸显的是过去、现在、未来始终具有的价值及发展
过程。这实际上表述的是一个动态的社会认知演变。在西城区
的"四名"政策中，这一特性应该表现为：那些当代的、动态的、
为了传承"精神"所进行的社会活动以及由此生成的结果和价值，
都是遗产地精神的呈现。

遗产地精神，对"四名"政策最大的影响，是其能否推动西城区
基于"四名"的理论和工作体系，使文化遗产保护政策上升为带
动西城在"十三五"和"十四五"发展的着力点。

风貌包含了景观和人的活动。在"四名"中，"名景"是最直接
体现"遗产地精神"的外在形态。

1.3.3 "名人""名业""名城""名景"的内涵

"四名"各分项涵义有着自身的发展历程。综合调研和调研中总结的"四名"发展路径，我们可以看出在西城区作为"工作体系"的"四名"定义中蕴含了如下特点：

第一是具体的保护对象范围描述。

第二是具体的使用者自身具体工作范围的描述。

第三是综合风貌的描述。

第四是区域发展政策的文化要素基础。

基于"四名"目前的发展状况和特点，结合未来发展目标，我们得以再次阐释"名人""名业""名城""名景"的内涵，见表2。

名城：指某一聚落中代表历史文化名城和文化遗产价值的所有物质要素集成，包含文物单体、历史街区、街巷胡同、建筑、古树名木等；以及在整体性原则之下，对这些要素构成的地理实体空间进行的建设、保护及改善。

名业：指某一聚落内长期形成的生产方式，及其衍生的生活服务业态，包括各类老字号等传统商业、传统和现代演艺业、新兴文化创意产业等；并以非强制干预、共同发展为原则，对传统业态进行的有意识的传承和延续，对新兴产业的扶持和发展。

名人：指在某一聚落内工作、生活或居住过的著名人物以及与之相关的历史事件和生活环境；既包含对历史、近代和当代名人在尺度得当原则下的发掘和展示，也涵括了在包容开放原则下培养公民成为未来名人的意识和努力。

名景：指能够代表某一聚落内共同记忆、情感和价值观的典型人文风貌；并以真实体现人的活动为原则，对该聚落长期以来形成、延续的遗产地精神的集中提取和展现。

提出上述定义的研究路径如下：

表 2   "四名"各分项的发展历程

时间	名城	名人	名业	名景
2013 年 1 月 17 日"杨梅竹斜街保护修缮试点项目汇报座谈会"	包括宫殿、寺庙、故居、道路、桥梁、雕塑、树木、河流等；针对名城、名镇、名村、名城堡如何保护和保护要素进行系统的梳理	名城是由名人支撑的，包括过去和现在的名人；另外，也需要考虑如何帮助非物质文化遗产的传承人传授手艺	历史文化名城在有形的建筑内部要有名业，就是和名城相适应的业态；要系统地研究保护下来的建筑怎么用	要形成系列的名景，从整个城市景观上达到"移步换景"，包括物、风光、活动。设计周、老字号体验日、街区推广活动等都是景，原住民、社会机构、企业、游人应该形成良性互动
2014 年西城区历史文化名城保护委员会年会	名城是指传统意义上狭义的名城保护工作，主要是指历史文化的物质空间。包括西城旧城区和 181 个各类文物保护单位	西城区共有名人故居 96 处，从王府到会馆，再到著名的政治家、文学家、艺术家，还有很多非物质文化遗产传承人；面对未来，要发挥优秀的基础文化资源优势，为国家文化的发扬继续培养更多栋梁之材	名业主要体现在各类老字号和非物质文化遗产上；面向未来，名业要体现出活力，必须依托现有科技和文化手段，进一步支撑新的文化产业，包括高新技术产业、金融业等，这是城市活力所在	名景可以从几个层次理解，一个是现有的建筑形成的城市景观，让人感到赏心悦目；同时也是各类文化活动的载体；更重要的应该是留在人们思想深处的文化记忆，可以去看、去参与、去感受
北京市西城区 2015 年政府工作报告	名城指对历史街区、街巷胡同、建筑、古树名木等物质要素为主的地理实体空间的建设和保护，以及环境秩序、人居环境改善等工作	名人指以古今政治、经济、文体、社会服务业名人及其他著名人物为载体的研究和宣传等工作	名业指各类老字号等传统商业服务业、传统和现代演艺业、新兴文化创意产业的传承和发展等工作	名景指依托有影响力的文化和文娱活动带动和促进区域经济、社会、文化等方面发展的工作
2016 年 3 月 12 日，西城区区长王少峰参加"四名"课题研讨会	全局与局部、新的与旧的、对的与错的、人工的与自然的都应该进入名城综合保护的范畴	对古代名人进行系统梳理、深入研究、有效展示；对近现代名人进行客观评价、深入研究、多角度观察、全面展示；对当代名人进行有选择的针对性研究；探索如何培养、发现未来名人，为之创造机会	首先应将名校的历史探源、文化挖掘、精神提炼、当下贡献纳入名业保护范畴；同时注重老字号的传承与发展，重视老字号谱系研究；还包括非物质文化遗产保护，注重文商旅融合发展	名景是人对历史文化名城的感觉，可以分几个层次去认识，一是现有的建筑形成的城市景观，让人赏心悦目；二是开展的各类文化活动形成的文化载体；三是留在人们思想深处的文化记忆

第一步：保留了原有的表述历史文化名城文化要素的功能。

第二步：延续了"工作体系"功能。

第三步：使用立体的方法，区别了容易混淆的概念，区别了交叉的含义。

第四步：依照文化遗产的视角，以"物（保护对象）""人（保护行为）"和"规则"的分类，将"四名"内容作了逻辑上的排列，从而阐释其相互之间的联系。

第五步：通俗易懂，供广泛使用。

基于以上，"四名"排列的逻辑顺序应是：名城—名业—名人—名景。

2 "四名"作为文化公共政策的运行机制

从"十三五"开始，文化遗产保护和历史名城保护工作需求怎样的创新？如何更准确地表达北京市的文化力？对于"四名"来说，其所代表的境遇，其实即是将原来分散的资源汇集起来；将原来内部工作氛围，有意识地扩展到公众真正参与其中的平台上来，初步形成有效的平台机制；将不断实践的成果演化为规则。这个探索过程，非常值得尊敬。

2.1 "四名"符合公共政策理念特性

2.1.1 主体的广泛性

对于"四名"来说，参与主体也是多元的，包括官方的政策制定者和非官方的参与者两个方面。前者主要是作为"四名"政策直接决策主体的行政组织，是决策团体的核心。后者则指企业、媒体、志愿组织、体验者、居民等，它们以不同方式影响"四名"的价值取向和行为过程。作为公共政策的"四名"与普通的公共政策一样，在主体范围和类别方面具有广泛性。

2.1.2 客体的公共性

公共政策是在公共价值引导下解决公共问题以实现公共利益目

标的政府行为，其客体主要为公共问题和目标群体。公共价值表现为公众的一种理想和期待，是对公众按照其主观愿望在一种公共生活中创造公共物品并使公共需要得到满足的假设或经验进行提炼的结果，因而可以作为指导和规范政府行为的尺度。公共问题作为公益性诉求，是公众基于价值观念和切身利益的考虑而普遍关注的社会问题。公共利益是相关各方利益的均衡点，对公共利益的关注和挖掘体现了政府的公共政策能力和水平，因此政府应以公共利益为标准平衡不同的政策诉求。

体现在"四名"上，作为公共政策，其客体为与文化遗产相关的公共问题，包括对保护对象的梳理和厘清、保护过程中各方矛盾的协调以及保护行为的执行等内容。涉及范围涵盖了全社会的公众，包括主动和被动的参与者。

2.2 从"一对多"到"多对一"：对"四名"公共政策功能的展望

在"十二五"至"十三五"期间，多地历史文化名城保护工作的内容主要划分为文物历史建筑腾退与利用、民生改善与功能疏解、更新改造、环境整治、基础设施建设以及宣传研究等部分，并形成了"政府主导、社会参与、多种模式并存的名城保护新格局"，即"一对多"的工作组织网络（图2）。

在"公共性"的需求下，公共利益成为政策所要关注和顾及的核心因素，而各方社会力量更平等、自发地围绕公共利益展开各种活动，也逐渐成为一个愈发清晰的趋势。这种"多对一"的工作体系更符合"四名"作为公共政策的定位，也更符合社会发展的要求。

北京市现有的历史文化名城保护体系，体现了"构建政府主导、社会参与、多种模式并存"的名城保护新格局。这个机制，有着显而易见的优势，即非常容易体现政策的执行力。但是它也有显而易见的缺点，如它对自己环节外独立进行的保护活动和价值理解偏差难以控制。也就是说，现在实际上无法准确表达，在某一

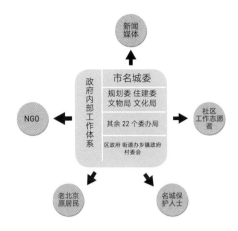

图 2 北京市历史文化名城保护工作体系"一对多"模式图
据北京市规划委员会《关于北京历史文化名城保护条例贯彻实施情况的报告》绘制

区域内，社会对文化遗产保护的价值水平。这也正是历史文化名城保护中制度格局的不完善和亟待创新的节点。"四名"工作体系具有公共政策的特点，可以扩展为"一对多"和"多对一"并存的模式。

公共政策的核心是围绕着"公共利益"，制定参与者可以共同使用的规则。"四名"作为一个"工作体系"，带有非常强烈的政府内部执行方法的特征。客观地说，由于政府职能是历史文化名城保护的主要承担力量，但是现实的需要和自身的理论需求，都需要"四名"更多地体现真正的公共属性，带有公共的色彩，而不是以似是而非的活动，吸引各种力量的简单的"活跃"。

"多对一"是指政府力量，作为平等的一方，参加到由社会力量组成的平台中，对公共利益的重大议题进行协商或者分工（图3）。

由于政府力量是政策的法定制订方，又在所有的社会力量中拥有最强大的知识水平和技术储备，与此同时仍保有"一对多"的文化遗产保护体系，所以，政府应该是公共利益议题和议题平台的指定方（图4）。

重要的是,"多对一"中"一"的公共议题如何处理以下问题。
第一,如何设置议题。

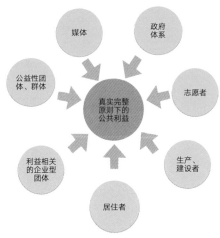

图3　文化遗产公共政策的工作体系"多对一"模式图

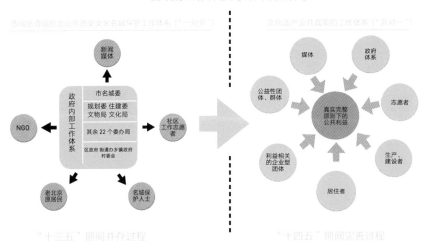

图4　"一对多"和"多对一"并存图

据北京市规划委员会《关于北京历史文化名城保护条例贯彻实施情况的报告》绘制

第二，议题产生结果可以是价值的认同程度，也可以继续延展为执行内容，那么这些结果如何确保是有效的。

第三，不同议题和不同的平台间，可以产生怎样的体系关系。

2014 年，习近平总书记在北京市考察工作时，来到玉河旁的雨儿胡同，他表示："这一片胡同我很熟悉，今天来就是想看看老街坊，听听大家对老城区改造的想法。老城区改造要回应不同愿望和要求，工作量很大，有关部门要把工作做深做细，大家要多理解多支持，共同帮助政府把为群众办的实事办好。"这个情节，在大家心中都产生了强烈的共鸣——所有的价值拥有者，都可以参与到"多理解多支持"的过程中。但是，这个过程，应该是一个积极的、活跃的交流，而非简单化地服从。习近平总书记同时强调：建设和管理好首都，是国家治理体系和治理能力现代化的重要内容。北京要立足优势、深化改革、勇于开拓，以创新的思维、扎实的举措、深入的作风，进一步做好城市发展和管理工作，在建设首善之区上不断取得新的成绩。总书记的话，给人信心，激发了文化遗产保护机制创新的动力。

2.3 "四名"体系的动态发展途径

作为公共政策的"四名"体系，有着逐步递进发展的目标与需求，在不同的发展阶段，也会出现相应的平台和衍生——营利性文化产品和公共文化产品。

在 2016 年时，"四名"已经具备了作为公共政策体系的转化需求和运行基础：拥有了客观存在的丰富资源，形成了历史文化名城的保护体系。在随后的发展阶段中，"四名"有着更为具体的阶段性功能目标：作为成为促进当地经济发展、社会繁荣的着力点；落实和补充文化遗产事业的成就，形成公众参与文化遗产保护的共同合作准则；构成和体现遗产地精神（图 5）。

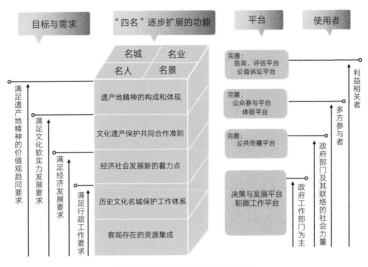

图5 动态的"四名"公共政策体系发展

3 结语

"四名"的初衷,其实源自政府部门的自身工作目标,这真实描绘了我国文化遗产保护的基本国情。

"四名"有双重功能:既在政府工作体系的不同层级间搭建了共同的、效果可量化的工作平台,更由此衍化出社会力量得以深度参与的空间。如果我们将研究的视野扩展至2019年的后续成果,就可以看出,"四名"工作体系,事实上持续地激发了社会力量的参与热情,衍生出众多成果。

将历史文化名城作为"遗产地"来看待,"四名"的发展演变过程丰富了"遗产地精神"的内涵。遗产地精神,可以首先包含了通过物质与非物质文化遗产表述出的历史共性,也应该包含当代社会的延续与认知以及为达到精神延续而采用的价值认同的路径与方法。

使用文化遗产传播的理念,研究历史文化名城中"名"的构成与价值增减,可以清晰地指导公共文化政策与公共文化产品的需求与发展走向。

(注:本文发表于《北京规划建设》2019年增刊"北京西城:街区更新与老城复兴",刊号 ISSN:1003-627X)

参考文献

[1] 辞海编辑委员会.辞海.上海:上海辞书出版社.

[2] 中国古迹遗址保护协会.中国文物古迹保护准则.

[3] 国家文物局.国家文物事业发展"十三五"规划.北京,2017.

[4] 中共中央办公厅 国务院办公厅.关于实施中华优秀传统文化传承发展工程的意见.

[5] 北京市规划委员会.关于北京历史文化名城保护条例贯彻实施情况的报告.

[6] 北京市规划和自然资源委员会西城分局.北京西城街区整理城市设计导则.北京:中国建筑工业出版社,2018.

[7] [美]安东尼·滕.世界伟大城市的保护——历史大都会的毁灭与重建.郝笑丛,译.北京:清华大学出版社,2015.

[8] 朱晓东.加快完善社会力量参与文物保护的法律制度.引自中国文物保护基金会编.社会力量参与文物保护论坛文集.北京:文物出版社,2017:35-41.

[9] 侯仁之.北平历史地理.北京:外语教学与研究出版社,2014.

[10] 武艳珍.一个媒体人的"文化遗产传播工程——齐欣访谈录".新闻战线,2013(6):23-25.

[11] 赵中枢.历史文化名城保护的专业性和大众化.中国建设报,2019.

[12] 齐欣.文化遗产传播:融合及趋势.引自中国文物保护基金会编.文物保护社会组织创新与发展.北京:文物出版社,2018:200-207.

[13] 齐欣.文化遗产传播的个体参与和体系建立.AC建筑创作,2019(2):30-33.

以多元参与平台建设推动名城保护领域的智力众筹
——北京"四名汇智"计划的实践探索

Promoting Intelligence Crowd-Raising in the Field of Historical Town Conservation through Multi-Participation Platform Construction: Practical Exploration of Siming (Historical Town, Traditional Business, Celebrities, Sceneries Preservation) Cooperation Program

赵　幸　王虹光

作者简介

赵幸
北京市城市规划设计研究院高级工程师，北京城市规划学会街区治理与责任规划师工作专委会秘书长，西城区名城委青年工作者委员会牵头人，"四名汇智"计划秘书长。

王虹光
北规弘都院品牌策划和社区培育中心城市规划师，北京城市规划学会街区治理与责任规划师工作专委会副秘书长，中社社会工作发展基金会社区培育基金项目部主管，"四名汇智"计划副秘书长。

摘要

伴随国家相关政策的陆续出台和社会公众意识的不断提升，历史文化遗产保护的社会参与成为各方高度关注与着力探索的课题。2017年，北京市西城区发起了鼓励社会力量参与历史文化遗产保护的"四名汇智"计划，在持续的运转过程中取得了良好的实践效果。本研究以"四名汇智"计划为主要研究对象，探讨有助于激活名城保护领域公众自发力量的公益平台组织模式与运营经验。

Abstract

With the continuous rising of official and public awareness concerning historical cultural heritage conservation, public participation in historical town preservation has become a new focus in practice and academic researches. Since 2017, Beijing Xicheng District has launched a historical cultural heritage conservation public-participation approach called Siming (Historical Town, Traditional Business, Celebrities, Sceneries Preservation) Cooperation Program, and reached positive social feedbacks as well as abundant achievements. Digging into the operation experience of Siming Cooperation Program, this research focus on the mechanism design of public welfare platforms that enables the public's spontaneous power in historical town conservation practice.

关键词：名城；遗产保护；公众参与；公益平台

Keywords: historical town; heritage preservation; public participation; public welfare platform

1　社会参与历史文化遗产保护的政策背景

党的十九大报告中指出，"文化自信是一个国家、一个民族发展中更基本、更深沉、更持久的力量"，应积极"推动中华优秀传统文化创造性转化、创新性发展，不忘本来、吸收外来、面向未来，更好构筑中国精神、中国价值、中国力量，为人民提供精神指引"。历史文化遗产作为承载国家、民族文化内涵与文化自信的重要实证，其保护与传承已成为社会各界的重要共识，越来越多的社会力量亦开始自发、主动地参与到历史文化遗产保护的宣传与行动之中。与此同时，鼓励社会参与历史文化遗产保护的相关政策不断发展完善，逐步在这一领域建立起社会多元主体"共建共治共享"的治理格局。

2005 年《国务院关于加强文化遗产保护的通知》提出要让"保护文化遗产深入人心，成为全社会的自觉行动。"并决定"从 2006 年起，每年六月的第二个星期六为中国的'文化遗产日'"，以加强宣传，促进公众了解中国的文化传统。2008 年《历史文化名城名镇名村保护条例》提出，"国家鼓励企业、事业单位、社会团体和个人参与历史文化名城、名镇、名村的保护。"2009 年《文物认定管理暂行办法》中提出"各级文物行政部门应完善制度，鼓励公民、法人和其他组织在文物普查工作中发挥作用。"2015 年《中国文物古迹保护准则》中明确指出，"文物古迹是全社会的共同财富，公众应了解文物古迹的保护情况，有责任和义务对文物古迹的保护、管理提出建议，实施监督……公众的关注是全社会文物古迹保护意识提高的反映，是文物古迹社会价值的体现。"一系列政策的出台不断强调着，历史文化遗产保护不仅是政府责任，更是社会责任，需要各方的参与和支持。

2016年全国文物工作会议前夕，习近平总书记提出："各级文物部门要不辱使命，守土尽责，提高素质能力和依法管理水平，广泛动员社会力量参与，努力走出一条符合国情的文物保护利用之路。"

在相关政策的推动下，国内许多城市逐步搭建起社会多元力量参与历史文化遗产保护的机制与平台，而福州老建筑、苏州私家园林协会、广州民间文物保护协会等自发成立的民间组织也涌现出来，成为历史文化遗产保护中一支不可忽视的力量。

2 北京市社会参与历史文化遗产保护的机制建构与完善

作为中华文明的金名片和全国文化中心，北京的历史文化遗产保护工作一直受到高度关注。随着社会各界对于历史文化遗产保护的共识逐步建立和主动参与遗产保护的意识不断增强，北京市亦开始建立并逐步完善社会参与历史文化遗产保护的机制架构。

2002年北京市政府《关于实施〈北京历史文化名城保护规划〉的决定》中特别强调，"本市各级人民政府及其部门必须加大宣传力度，鼓励公众参与，加强社会监督。保护历史文化名城既是政府的责任，也是全社会的共同责任。要加强责任意识、法律意识，积极鼓励和支持人民群众为保护历史文化名城工作出谋划策"。2004年，北京市政府成立了"北京市危旧房改造与古都风貌办公室"，首次组建了由10名文物保护、民俗学、规划等学科专家构成的"古都风貌保护与危房改造专家顾问组"，在涉及历史文化遗产保护重要事务的项目中充分采纳专家意见。2010年，北京市进一步成立"北京历史文化名城保护委员会"，由市委书记担任名誉主任、市长出任主任，并进一步扩大形成由17位专家构成的"历史文化名城风貌保护专家顾问组"。专家的研究领域则在文物保护、规划、建筑专业基础上增加了民俗学、文学、艺术等领域，体现出汇集多专业力量共同挖掘和弘扬北京历史文化名城宝贵内涵的意愿。在市级历史文化名城保护委员会的带动下，东城区、西城区、海淀区也相继成立了由区委书记、区长挂帅的区级历史文化名城保护委员会及专家顾问组，形成了围绕历史文化遗产保护工作的统筹协调和多元议事机制。

《北京城市总体规划（2016年—2035年）》指出，要完善历史文化名城保护的保护实施机制，"加强公众参与制度化建设，实现共治共享，营造'我要保护'的社会氛围"。为进一步营造社会公众参与历史文化遗产保护事业的积极氛围，2016、2017年西城区历史文化名城保护委员会开创性设立了"四合院建造专业委员会""胡同保护专业委员会""志愿者专业委员会"和"青年工作者专业委员会""文化传播专业委员会"5个分支机构，由不同领域的专家、实践者牵头，建立起公众参与历史文化名城保护的社会网络。其中，青年工作者专业委员会作为以年轻人为主的活跃社会力量，组织了9家当时在北京历史文化名城保护领域具有一定影响力的社会团队，在一年中开展了12场不同规模、主题的名城保护文化活动，取得了良好的社会反响。这些社会团队之中，既有已注册的正规民非机构，也有民间学术交流平台、高校创业团队和热心个人，而他们所组织的活动既有高端学术论坛，也有小型展览和沙龙，不仅展现了社会团队对于历史文化遗产保护的热情和思考，亦为热心参与历史文化遗产保护的社会公众创造了交流的平台。

在青年工作者委员会成功实践探索的基础上，2017年西城区进一步推动建立了面向社会公开招募名城保护自发行动的"四名汇智"计划。"四名汇智"计划旨在扩大西城历史文化名城保护品牌的影响力，搭建汇聚政府、企业、社会多方资源的共享平台，为自发开展历史文化名城保护主题活动的社会团体提供小额资金、活动场地、媒体宣传、品牌露出等方面支持，从而达到宣传普及历史文化名城保护知识，促进政府、企业、社会组织三者沟通交流，培育相关社会力量，不断强化社会共识的作用，形成了灵活可持续的历史文化遗产保护社会参与机制。

3 "四名汇智"计划平台设计

"四名汇智"计划的基本组织模式为：热心企业为名城保护自发团队和项目提供支持。每年举办1~2轮公开招募，入选团队可获得不超过1万元的资金支持和场地、宣传等社会资源支持。为在有限的资金额度下，尽可能调动广泛社会力量参与名城保护实践，"四名汇智"计划逐渐形成了一套行之有效的平台设计，包括：有助于调动社会多元力量参与的组织构架；以鼓励培育为核心，实现各方主体互助互益的运营模式；持续提升平台凝聚力和影响力的品牌建设路径。上述组织模式相互配合，为"四名汇智"计划的发展壮大提供了重要动力和保障，也促使越来越多的社会资源与公众力量聚集到"四名汇智"计划中来，创造出远超直接资金额度的社会价值。对"四名汇智"计划平台设计运行机制进行分析归纳，对于名城保护及相关领域的公众参与实践有一定借鉴价值（图1）。

组织架构

汇集政府、学术专家、实施主体、自发行动者等名城保护多元主体

组织运营

广泛鼓励、培育为主，支持实践团队的自发创意资源对接，实现多元主体的互助互益

品牌建设

重视宣传活动的持续性、仪式感，增加品牌凝聚力与影响力

图1 "四名汇智"计划平台设计三要素

3.1 组织架构设计

"四名汇智"计划的本质是松散的非正式公益组织，既无专职工作人员，也无正式办公地址、银行账户及其他注册公益机构的基本办公条件。但是，其作为一个支持民间自发活动的行动计划，从2016年筹备期稳定开展、持续壮大且不停精进，得益于一套有助于汇集政府、专家、社会资金、行动者等名城保护多元主体的组织构架。

"四名汇智"计划的组织构成包括常态成员与流动成员。常态成员包括理事单位、秘书处，其中，理事单位是"四名汇智"管理制度的制定者、各项工作的决策者和社会资源的提供者；秘书处为具体工作的实施者和协调者。流动成员以历年入选团队为主，是"四名汇智"计划的受助者，也是名城保护活动的实践者，其具体成员由当年申请、评定情况决定（表1）。

表1   "四名汇智"计划组织构成

组织构成	职能	成员
理事单位	制定管理制度 决策重要事项 监督实施进程 提供社会资源	政府（名城保护牵头部门） 政府（名城保护片区建设指挥部） 专家委员会 事业单位 实施主体 设计机构 其他热心企业
秘书处	实施具体工作 协调成员需求	名城委青年工作者委员会
入选团队	获得项目资助 开展实践活动	社会自发名城保护实践团队

组织构架设计的重点为常态成员（尤其是理事单位成员）的构成。为充分贯彻多元参与的理念，"四名汇智"计划建立了理事会制度，并有意识地邀请政府、专家、实施主体、设计机构等参与名城保护相关工作的多方主体担任理事职务。实践证明，这一组织构架设计对于"四名汇智"的可持续发展起到了关键作用（图2）。

■方向指导 ■专业指导 ■专项服务 ■资金／场地支持 ■资金／人力支持

图2 "四名汇智"计划理事单位数量（按支持方式分,单位:家）

如表1所示,"四名汇智"计划的理事单位包括政府、专家、实施主体、设计机构和事业单位,涵盖了名城保护规划、研究、实施的各类角色。其中,各类理事单位职能各异、数量均衡,这为资源互助、多元协商奠定良好基础,有助于"四名汇智"的长远稳定发展。

首先,政府、专家、实施主体、设计机构为"四名汇智"计划提供了丰富、多元、互补的社会资源。政府与专家发挥了方向和专业指导的作用,确保这一新生平台的公益性、服务性、专业性;热心企业提供直接的资金、场地、人力支持,为名城保护自发行动者的创意创造了宝贵的实践机遇和应用场景;事业单位则为"四名汇智"计划的各项工作提供正规化、专业化指导。各类理事单位发挥的作用都是不可或缺、不可替代的。

其次,理事单位不仅为入选团队提供资源,还共同承担着管理、决策、监督等职责。在"四名汇智"计划构架中,全体单位代表共同出席"四名汇智"筹备、总结会议,评估申请团队,既代表各自立场发表意见建议,又听取他人意见、彼此协商,从而逐步明晰"四名汇智"计划公益理念共识,推动组织管理方式与制度不断完善,为"四名汇智"计划的稳定发展和逐步扩大奠定具备延展性的管理模板,也为民主协商理念在名城保护公众参与领域的实践提供了宝贵案例。

此外，"四名汇智"计划的具体工作由秘书处承担，秘书处工作人员由理事单位共同决议选聘。目前，秘书处不设专职人员，而是由理事单位安排人员公益支持。这一做法最大限度地节约了平台运转所需的人力成本，同时保障了组织协商工作的尽职度与公信力，对于处于起步期的公益计划有一定参考价值。

值得指出的是，为"四名汇智"计划提供直接资金、场地、人力支持的理事单位中，不仅有 12 家国企，还有 5 家民企、1 家外企，既展现出广大私企参与和支持名城保护工作的宝贵热情，也标志了名城保护公益实践的社会"造血"潜力。

3.2　运营机制设计

为实现公众参与名城保护领域的长久活力，"四名汇智"计划形成了一套有助于多元参与主体共建互益的运营机制，包括对广大社会公众参与名城保护实践的"广泛鼓励、培育为主"的支持方式，也包括"四名汇智"计划多元主体互利共赢的共建模式。

首先，"四名汇智"计划采用"广泛鼓励"的公众参与理念，面向开展名城保护相关文化活动、实践课题的所有个人、团队和机构开放申请渠道，尤其重视对自发举办相关活动的民间非正式力量的支持。为尽可能扩大有限资金的支持面，"四名汇智"计划要求每个团队只能提交一份申请，单个团队资金支持上限不得超过 1 万元，对于高校教师、专家参与的项目，支持额度普遍不超过 5000 元，从而让经费向缺乏其他申请渠道和资金来源的普通公众倾斜。在"四名汇智"计划中，超过 50% 的申请团队和个人不具备申请政府、高校等官方渠道提供的名城保护支持资金的能力与资格。而本着"广泛鼓励"的原则，"四名汇智"计划不设申请团队与个人的资质门槛，从而有条件团结和支持较广泛范围的社会公众参与名城保护实践。

其次，"四名汇智"计划坚持"培育为主"的公益服务理念，在遵守法律及主流意识形态的基础上，不对团队活动主题、形式与成果要求做过多的限定，而是充分尊重团队的主动性与自发性，切实支持团队自身创意与兴趣，为团队提供尽可能广泛的行动空间，从而为自发社会力量营造开放包容的实践氛围。同时，"四名汇智"计划考虑到小团队和个人业余活动的特点，尽可能简化管理要求与流程，为每个团队提供一对一的沟通渠道与服务，也通过线上线下方式促进团队间的碰撞与合作。这一管理方式既为入选团队的实践与合作提供了方便，又拉近了团队成员之间、团队成员与"四名汇智"计划的距离，让"四名汇智"计划成为一个有温度的平台，持续为名城保护的零散团队与个人带来"大家庭"般的归属感。"培育为主"的理念既增加了"四名汇智"计划的凝聚力，也促使入选团队积极发挥主动性，借助有限的支持资金，开展了形式多样、内容丰富、数量众多的公众文化活动，推动名城保护领域公众参与氛围的日益活跃。此外，部分自发团队在"四名汇智"计划的支持下逐步走上正轨，形成稳定的团队和持续的活动输出，筹备建设小型公益组织与文创企业，为名城保护事业发挥出越来越专业与持久的力量。

最后，"四名汇智"计划的多元主体中，不存在绝对的"支持者""被支持者"角色。理事单位和实践团队都是名城保护实践的共建者，各方主体发挥专长、共同出力、共同受益，形成了可持续发展的良性循环。例如，"四名汇智"计划的理事单位中有什刹海、白塔寺、大栅栏、天桥、法源寺等历史文化保护街区的实施主体，各实施主体为入选团队提供资金、传统街区富有特色的活动场地、国际设计周等大型活动机会，而入选团队借助展览、活动策划与实施，为历史街区文化建设增添内容，推动在地社区服务和理论研究，以专业而热情的投入为历史街区作出贡献，从而给予实施主体远超捐助金额的回馈。

"四名汇智"计划为各方主体搭建了资源交换平台，通过对接资源和需求，实现共同受益，从而为各方主体持续参与、支持"四名汇智"计划的持续运转提供了根本动力和保障。

3.3 品牌建设环节设计

广泛的公众关注既是名城保护公众参与实践的结果，也是推动名城保护理念普及的目标。有针对性的宣传推广工作是获取公众关注的必要环节，因此，"四名汇智"计划从设立伊始就非常注意对自身品牌的推广和对入选团队实践活动的宣传普及。实践证明，公益平台品牌影响力、凝聚力的提升，对于社会力量的聚集和自身的可持续发展具有事半功倍的效果，"四名汇智"计划的品牌建设环节设计对同类平台具有一定示范价值。

首先，"四名汇智"计划以北京市西城区历史文化名城保护委员会办公室下设的"西城名城保护"微信公众平台为主要宣传渠道，凝聚受众与影响力。"西城名城保护"的主要板块包括："四名汇智"计划重要节点（支持计划发布、入选团队公示、年度总结、大型活动报道）；入选团队宣传（活动报名帖、总结帖与团队采访、报道）；名城保护理念推广（"四名"内涵与名城、名业、名人、名景知识，名城保护动态）等。借助微信公众平台，"四名汇智"计划得以持续推广名城保护理念和实践，与名城保护的关注者进行线上互动，为入选团队增加宣传渠道，同时实现自身品牌的持续建设。

其次，"四名汇智"计划对所有入选团队提出明确要求，在活动宣传物料中必须体现"四名汇智"计划 logo 与理事单位 logo 墙。这一要求有助于提升"四名汇智"计划入选团队和活动的辨识度与凝聚力，也提升了理事单位的参与感与荣誉感。对于重要活动节点和内容，"四名汇智"计划可以发动参与团队利用自身平台宣传、转发，形成富有影响力的媒体矩阵。

最后，也是最重要的是，作为理事单位主牵头人的北京市西城区历史文化名城保护委员会办公室借助政府资源，为"四名汇智"计划提供了宝贵的曝光机会，并促使更广大范围的政府机构与官方组织认识和了解这一新生平台。影响力的扩大催生了连锁效应，形成了一系列"四名汇智"计划的专场活动（如名城年会、天桥展览、故宫展览等），并逐步筹备专题刊物、书籍、纪录片制作。
这些极具仪式感的品牌建设活动提升了各方主体的成就感、荣誉
感与参与感。

4 "四名汇智" 计划实施效果

4.1 平台发展概况

从 2017 年至 2019 年，"四名汇智"计划累计获得 27 家理事单
位支持，为名城保护自发活动筹集资金 76 万元，发布 4 轮团队
招募，收到申请表 248 份，并为其中 189 个团队提供资金、场
地等支持。在 3 年内，"四名汇智"计划入选团队共计开展活动
超过 300 场，活跃、有力地推动公众了解名城保护理念、参与
名城保护实践，切实贯彻着"四名汇智"计划的主旨与初衷——
汇聚社会资源，推动名城保护的公众参与（表 2）。

表 2   "四名汇智" 计划发展关键数据

年份	2017 年	2018 年	2019 年
理事单位 （专家理事不计入）	15 家	19 家	27 家
筹集金额	18 万元	24 万元	34 万元
申请数量	55 份	92 份	91 份
支持团队	38 个	70 个	81 个
活动	超过 120 场	超过 150 场	不少于 160 场

同时，"四名汇智"计划的品牌影响力逐渐提升。品牌影响力的
提升主要来自三个渠道：
（1）线上宣传：除"西城名城保护"作为四名汇智的主要宣传阵
地外，所有入选团队的微信公众平台共同构成了"四名汇智"计
划的媒体矩阵，团队开展的每一场活动宣传中都有对"四名汇智"
计划 logo、理念和理事单位 logo 墙的曝光，共同促进"四名

汇智"计划影响力的逐步升级。

（2）线下参与：入选团队广泛开展公众参与的线下活动，以北京国际设计周为例，从2017年起的历届北京国际设计周都为"四名汇智"计划入选团队提供了宝贵的实践机会，在什刹海、白塔寺、大栅栏、法源寺、朝阳门等分会场均活跃着"四名汇智"计划的身影，为"四名汇智"计划吸引公众关注提供着宝贵的线下入口。

（3）重点品牌活动：如表3所示，"四名汇智"计划重点活动是品牌影响力的集中抬升，富有仪式感的活动提升了理事单位和入选团队的成就感与归属感，集中的媒体报道为"四名汇智"计划的品牌与名城保护理念传播起到重要作用。从2017年起，"四名汇智"计划即以"名城市集"的形式参与西城区历史文化名城保护委员会年会，面向区政府领导、专家进行工作汇报与成果展示。年会同一天下午，"四名汇智"计划举办专场论坛，面向社会公众进行"四名汇智"优秀团队风采展示（图3）。2018年的"四名汇智"计划专场在"市集"形式基础上，邀请到名城保护领域的专家、大咖与入选团队代表对话，进一步提升品牌仪式感与团队成就感，促进团队成长和公众交流（图4、图5）。此外，"四名汇智"计划在天桥艺术中心、故宫博物院亮相，得到北京电视台节目报道，并筹备专题刊物、书籍和纪录片制作（图6）。

表3   "四名汇智"计划重点品牌建设活动

重点品牌建设活动	时间	地点
2017年度"四名汇智"年会	2017年12月	什刹海地百会场
"爱在西城"公益文化节四名汇智展览、路演	2018年11月	天桥艺术中心
2018年度"四名汇智"年会	2018年12月	红楼藏书楼
"名城保护的智力众筹"主题展和分享活动	2019年1月	故宫博物院
市民对话一把手栏目	2019年6月	北京电视台直播
国际档案馆日签约仪式	筹备中	西城区档案馆
《"四名汇智"计划（暂用名）》专题片	筹备中	—
《"四名汇智"计划2017-2019（暂用名）》出版		—

图 3　2017 年"四名"年会现场
图片来源：北京市规划和自然资源委员会西城分局

图 4　2018 年 11 月，爱在西城公益展
图片来源："四名汇智"计划秘书处

图 5　2018 年 "四名" 年会现场
图片来源：北京市规划和自然资源委员会西城分局

图 6　2019 年，"四名汇智" 故宫活动——名城保护的智力众筹
图片来源：北京市规划和自然资源委员会西城分局

4.2 团队活动概况

"四名汇智"计划入选团队和活动的特点可归纳如下：

（1）参与广泛："四名汇智"计划申请主体以来自文化机构、规划设计单位、媒体机构、高校的公益组织、自发团队和个人为主；范围包括北京本地、外省市和外国；团队不仅有普通公众，还有来自国内外的高校师生和来自故宫博物院、中国国家博物馆、中国建筑设计研究院、中国城市规划设计研究院、《人民日报》等高水平专家。运营近3年来，得到"四名汇智"支持的团队既有来自北京林业大学、北京文化遗产保护中心、故宫博物院等大专院校、专业机构的学生、职工，也有没有任何专业背景、自学相关知识并开展宣传实践的普通公众；既有自建业余团队、传承非遗音乐的八旬老人，也有热爱古都、记录胡同的中小学生。这一情况标志着名城保护实践得到了社会公众越来越广泛的认同，"四名汇智"计划也逐渐成为一支凝聚名城保护力量的品牌（表4、表5）。

表4   "四名汇智"计划申请团队数量（按地域划分，以2018年为例）

地域	申请团队数量（个）
北京	81
国内北京以外地区	4
外国	7

表 5　　　　　　　　　　　　　　　　"四名汇智"计划申请团队背景机构情况（仅显示主要类型，以 2018 年为例）

背景机构类型	数量（个）	机构名称
文化机构	5	故宫博物院，中国国家博物馆，国际古迹遗址理事会，北京文化遗产保护中心，中国文物学会
规划设计单位	6	中国建筑设计研究院，清华建筑设计院，清华同衡规划设计研究院，中国城市规划设计研究院，国文琰，城市象限
媒体	7	《人民日报》，《北京文物报》，中国教育研究网
高校	17	清华大学，北京大学，北京建筑大学，北京林业大学，中央美术学院，北京工业大学，北方工业大学，北京交通大学，首都师范大学，中国传媒大学，中国人民大学，北京第二外国语学院，北京科技大学，中国矿业大学，沈阳建筑大学，斯坦福大学（美国），首都大学［东京（日本）］

（2）形式丰富：在"广泛鼓励、培育为主"的理念引导下，"四名汇智"计划入选团队均发挥了极强的创造力与主动性，开展形式、内容丰富多彩的名城保护实践与文化活动。主要形式包括访谈、讲座、沙龙、论坛、展览、课程、手工、演出、游戏、绘本、城市探访、研究、社区服务、视频与文创衍生等；围绕主题包括名城研究、皇家园林研究、传统木构制作、古建筑彩画、古树保护、社区营造、文化遗产、传统手工艺、北京方言、口述历史、城市摄影、大数据研究等。"四名汇智"计划入选团队们积极采用新媒体、新形式，用富有趣味感和互动性的方式，宣传名城保护理念，改变名城保护和历史文化在普通公众心目中的刻板认知，如：组织小朋友画文物、制作名城绘本，用广播节目讲"三山五园"，用微电影传播北京话，用音乐趴唱遗产人的梦想，用话剧讲两代人的文保故事等。

（3）研究扎实："四名汇智"计划支持了众多研究与实践团队，围绕名城保护、胡同更新、居民生活等议题开展深入翔实的研究工作，并取得了丰富的学术成果，包括：中轴线历史沿革、"三山五园"演变过程、恭王府建筑彩画、平房区居民住房改善意愿、历史街区无障碍环境体检等。

（4）实践在地："四名汇智"计划的入选团队积极将自身兴趣、专长与历史文化街区的居民服务、文化建设紧密结合，扎根胡同经营留白增绿基地，引导居民了解传统建筑和街区，开展非遗进社区等居民共建活动，甚至培育居民自发兴趣小组，持续推动在地文化实践。

（5）成果丰厚：经过 3 年的积累，"四名汇智"计划已汇集超 189 个社会团队，支持了超过 120 场公益活动，举办了超过 430 场以名城保护为主题的社会自发活动，积累形成了 200 多种文创产品、50 余段音频、30 余部微电影、上百场城市探访活动、几十万字的深度访谈记录。丰富的成果体现了名城保护自发团队的热情投入与专业能力，借助公众的力量，"四名汇智"得以用有限的资金调动出巨大的社会价值。

5　总结与展望

"四名汇智"计划作为一个非正式的公益平台，以较为有限的资金面向普通公众提供名城保护自发活动支持，通过短短 3 年时间，切实支持和有效培育起众多名城保护实践的有生力量，广泛推动名城保护理念的宣传普及，成效显著。需要看到的是，一方面，麻雀虽小、五脏俱全，"四名汇智"计划实现"四两拨千斤"的社会成效，离不开一套完善的平台设计和背后扎实的工作实施；另一方面，包括政府、实施主体、专家团队、设计机构、广大公众在内的名城保护多元主体，共同为"四名汇智"计划贡献了远超过资金数额的资源和行动，才促使"四名汇智"计划持续发展、不断壮大。因此，名城保护理念的日益普及和公众的热情参与，是"四名汇智"计划最宝贵和最根本的力量源泉。

展望未来，"四名汇智"计划将一如既往地汇集社会资源，支持公众自发的名城保护活动，贯彻"培育公众力量、推动文化共识、助力名城保护"的平台宗旨，并期待借助多元的渠道和形式，推动名城保护实践需求与资源的充分对接。

（注：本文发表于《北京规划建设》2019 年增刊"北京西城：街区更新与老城复兴"，刊号 ISSN：1003-627X。文章略有修改。）

参考文献

[1] 刘爱河，于冰.社会力量参与文物保护利用的实践与思考.中国名城，2018，04.

[2] 张杰，霍晓卫，张飏，张捷.广州历史文化名城保护规划的创新和实践探索.城乡规划，2017，01.

[3] 吴祖泉.解析第三方在城市规划公众参与的作用——以广州市恩宁路事件为例.城市规划，2014.

[4] 喻涛.北京旧城历史文化街区可持续复兴的"公共参与"对策研究.北京：清华大学，2013.

[5] 冯斐菲.旧城谋划.北京：中国建筑工业出版社，2015.

[6] 中国共产党北京市委员会，北京市人民政府.北京城市总体规划(2016年—2035年).北京：中国建筑工业出版社，2019.

北京"四名汇智"计划中社会组织的参与研究

A Study on the Participation of Social Organizations in the Beijing
SiMing Cooperation Project (BSCP)

钱云　杨雪　李秋鸿

作者简介

钱云
北京林业大学园林
学院城乡规划系副
教授，北京城市规
划学会街区治理
与责任规划师工
作专业委员会委
员，北京市西城区
历史文化名城保
护委员会青年工
作者委员会委员，
英国Heriot-Watt
大学博士（Urban
Studies）。

杨雪
北京林业大学园林
学院城乡规划系硕
士研究生。

李秋鸿
北京林业大学园林
学院城乡规划系硕
士研究生。

摘要

近年来北京历史文化名城保护呈现诸多创新举措，随着西城区"四名汇智"计划等项目的开展，各类社会组织积极参与其中，并形成较为广泛的影响。本文聚焦这一新现象，总结其中各类社会组织的工作目标、组织形式、参与方式和活动影响等，客观评价其对北京历史文化名城保护工作的贡献与不足，为今后相关工作的开展提出建议。本文研究发现，一方面，社会组织在当前"四名汇智"计划中的参与体现了极高的性价比，并逐渐成为政府-企业-社区-专家-媒体的沟通桥梁，也有助于实现文保理念宣传、文创产业培育、社区凝聚力建设等政府工作目标，同时也成为面向未来的城市治理专业人才培养的绝好平台。另一方面，当前社会组织的参与仍存在诸多不足，包括社会组织自身活动规范化与专业性程度不高、公众参与的广泛度和社会影响力不够、政府提供支持与管理经验不到位等。为了持续强化历史文化名城保护中社会组织的参与，未来应进一步完善和拓展多方合作平台，推动政府支持的多元化，完善组织建设及启动持续调查研究机制。

Abstract

In recent years, many innovative measures have been taken in the protection of Beijing historic and cultural city. The active participation of various social organizations is a new phenomenon and has had a wider impact. This paper focuses on the Beijing SiMing Cooperation Project (BSCP) as the specific research object, and summarizes the working objectives and modes of various social organizations. This paper objectively evaluates its contribution and deficiency to the protection of Beijing historic and cultural city, and puts forward some suggestions for the future related work. This study finds that, on one hand, the participation of social organizations in the Beijing Siming Cooperation Project (BSCP) reflects a very high cost-effective ratio, and gradually becomes a bridge of communications between the government, enterprises, communities, experts and media. It also helps to achieve contributions of government work, such as propaganda of cultural protection concepts, cultivation of cultural and creative industries, and construction of community cohesion. At the same time, it has also become an excellent platform for future-oriented training of urban governance professionals. On the other hand, there are still many deficiencies in the participation of social organizations, including the low level of standardization and professionalism of social organizations own activities, the insufficient extent of public participation and social influence, and the inadequate support and management experience by the government. Therefore, in order to continuously strengthen the participation of social organizations in the protection of historic and cultural cities, we should further improve and expand the multi-party cooperation platform, promote the diversification of government support, improve organizational construction and start the mechanism of continuous investigations and research work.

关键词：社会组织；历史文化名城保护；"四名汇智"计划

Keywords：social organization; the protection of historic and cultural town; SiMing Cooperation Program (BSCP)

北京是世界闻名的历史文化名城。对北京老城进行"整体保护"的战略已实施多年，相关的法规和规划管理措施也逐步完善，然而由于各片区普遍面临产权混杂、空间狭窄、基础设施老化、产业衰败以及人口老龄化、低收入人口与临时性就业聚集等复杂的现实情况，长期以来仅仅依赖政府和专业机构的力量在相关工作开展中困难重重。直至近年来，北京历史文化名城保护工作呈现诸多创新举措，其中社会组织的积极参与尤为值得关注。

社会组织是指在政府部门和以营利为目的的企业之外的一切不以营利为目的的自愿公民组织或团体。社会组织又称非政府组织（Non-Governmental Organizations，NGO），非营利组织（Non-Profit Organization，NPO），草根组织（Grassroots Organization，GO），志愿者组织（Voluntary Organization）等。在实践中，社会组织往往关注于事关人民福祉的公共事务，以更广泛和更灵活的方式提供多种类型的服务，能够成为政府以外推动社会治理和公共环境建设等的重要力量。社会组织的参与，总体上是一种自下而上的推动，能够摆脱对政府职能的过度依赖，更加充分地贴近基层群众的需求，在城市治理等领域未来发展潜力巨大。

北京市西城区是北京历史文化名城保护的核心区域，也是近年来社会组织参与名城保护的主要区域。"四名汇智"计划是西城区历史文化名城保护促进中心与名城委青年工作委员会共同设立的合作平台，旨在汇聚政府、企业、社会多方资源，支持各类社会自发组织的名城保护活动，以期培育社会力量、推动共识建立、助力名城保护。"四名汇智"计划自2017年开始实施，两年间以资金、场地、媒体支持的方式，帮助了一大批草根社会组织将许多名城保护的活动构想变成现实，迅速成为名城保护领域的新热点，也为研究社会组织参与北京历史文化名城保护工作的作用和影响提供了良好契机。由此，本文研究基于"四名汇智"计划中38个团队的基础信息和10个主要团队的深度访谈展开，旨在剖析各类社会组织参与这一项目的目标、组织建设、参与方式、具体影响等，总结相关经验，分析存在的问题与不足，为推动社会组织持续参与北京历史文化名城保护工作提出有针对性的建议。

1 "四名汇智"计划社会组织参与主体

作为一个新生事物，参与"四名汇智"计划的社会组织从起始即已初步形成多元主体类型的格局，涵盖了高校师生、社会自发团队、文化公司、专业机构、公益组织等（图1），具体的组织形式更是呈现较高度的多样化。

高校师生团队最多，共17家，占总数的45%。这些来自于北京林业大学、北京工业大学、北京建筑大学等高校的师生团队充分依托其专业性和学术性，多数项目由校内专业教学研究工作延伸而来，由教师带领学生团队（如北林"乡愁北京"实践团，图2），或由在校学生自发组建团队（如北林"三山五园"研究团队）完成，并逐渐形成了长期传承。在"四名汇智"计划的支持下，也有部分项目始于在校实践，但现在已逐渐转型为学生创业团体（如北京工业大学壹贰设计建筑保护协会），已开始尝试融入市场化运作。

社会自发团队（图3）占比为37%。这些团体关注于北京历史文化名城保护的不同方面，成员来自不同职业，但总的来看目前集

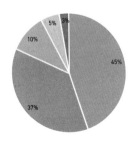

■ 高校师生 ■ 社会自发团队 ■ 文化公司 ■ 专业机构 ■ 公益组织

图1 "四名汇智"计划中参与北京历史文化名城保护的社会组织类型

中于两个主要领域:一是规划、建筑、景观及相关领域从业人员,二是新闻、媒体、文化传播等相关领域从业人员。此外,还有一些团体主要由北京本地居民组成,以国际化现代化进程中北京本地文化的传承与发扬为主要任务。

处于孵化培育阶段的文化公司(图4)(占10%)以及故宫博物院(图5)、清华同衡规划设计研究院等专业机构(占5%)也有参与。注册的公益组织占比最小(占3%),北京文化遗产保护中心(图6)是"四名汇智"计划38个团队中唯一在北京市民政局正式注册的民间公益组织。

图2 高校师生团队代表——北林"乡愁北京"实践团

图 3　社会自发团队代表——北京人文地理

图 4　文化公司团队代表——葭苇书坊

图 5 专业机构团队代表——故宫博物院帝京彩画调研团队

图 6 公益组织团队代表——北京文化遗产保护中心

基于冯建华对西方集体行动理论的梳理，作为集体行动者的社会组织的行动逻辑和规律可分为理性取向、文化取向和利益取向。理性取向的集体行为往往从中观层面关注行动的动员过程，关注精英群体及其组织和社会网络对行动所起到的重要作用。文化取向的集体行为主要从微观层面关注行动的动员过程，关注话语、符号、情感与集体文化认同的构建过程。利益取向的集体行为则以关注利益资本的创造过程为核心。

从 38 家参与"四名汇智"计划的团队来看，理性取向的参与动机占比最大，占 82%；文化取向的参与动机占比最低，占 5%；还有 13% 的团队是利益取向（图 7）。

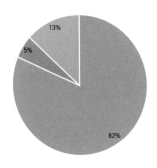

■理性取向　■文化取向　■利益取向

图 7 "四名汇智"计划中社会组织参与北京历史文化名城保护的动机

高校师生团队、相关领域从业人员带领的社会自发团队、专业机构及公益组织等在"四名汇智"的参与均可视为理性取向的集体行动。该类团队成员普遍拥有规划、建筑、园林、遗产保护、文化传播等专业背景，在自身社会责任感和文化使命感的影响下，期望能发挥专业素养和技能，实现"学以致用"。因此该类型社会组织的参与可被称为"社会精英搭建的专业平台"模式。一般来说，该类社会组织的参与有助于在各自行业内部产生强大的号召力，也常能延伸至行业以外形成短期影响力，但目前对普通公众的带动尚难以长期持续，较多逐渐演化为行业内的"自嗨"。

由普通北京居民组成的社会自发团队等在"四名汇智"的参与属于民间大众力量影响下文化取向的集体行动。该类团队成员多长期生活在北京，对北京有深厚的地域情感和深入了解，并具有热忱奉献的精神，多出于文化认同感与家园归属感而参与其中。此种类型的社会组织参与可被称为"民间自发的本土文化保育"模式。从实践来看，该类社会组织的参与动机朴素而纯粹，但由于专业能力有限，在名城保护工作中的实质性参与和影响较小，对普通民众的号召力也一般。

源于利益取向的团队多为处在孵化培育期的创业公司或学生创业团队，他们具备企业的经营和管理模式，运营内容多有意识地与正在开展的北京历史文化名城保护工作产生关联。他们多是希望通过深度挖掘历史城区的文化价值，依托有效的保护与利用来创造附加的经济收益。此种类型的社会组织的参与可被称为"文化导向的创新型经营"模式。由于资本运作的带动，该类社会组织容易形成严格的管理和运作机制，尤其注重协助提升名城保护工作对普通民众的影响力，但由于参与动机不够纯粹，往往难以长期持续。

3 "四名汇智"计划社会组织参与形式

在"四名汇智"计划实施中，各社会组织操作灵活、易接近公众等特质得以充分发挥，开展了大量的、丰富的低成本和低门槛活动，易于推广和拓展。

2017 年，38 个团队举办的 120 场活动，涵盖了讲座沙龙论坛、主题展览、城市探访、体验课程、调查研究、游戏活动、文艺演出、文创衍生等诸多形式。其中，城市探访类型的活动最多，占 38%；其次为讲座沙龙论坛，占 25%。体验课程和主题展览的比重分别为 13% 和 10%，其他活动形式则相对较为少见（图 8）。

活动主题上也呈现高度的丰富化（图 9）。19% 的活动实质上是将历史文化名城保护宏观层面的城市研究内容以生动、可视化、

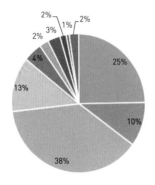

■ 讲座沙龙论坛 ■ 主题展览 ■ 城市探访 ■ 体验课程 ■ 调查研究
■ 访谈 ■ 游戏活动 ■ 摄影活动 ■ 文艺演出 ■ 文创衍生

图 8 "四名汇智"计划中社会组织参与北京历史文化名城保护的活动形式

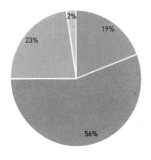

■ 城市研究 ■ 古城与古建 ■ 非物质文化遗产与老北京生活 ■ 社区营造

图 9 "四名汇智"计划中社会组织参与北京历史文化名城保护的活动内容

艺术化的方式进行公众呈现，如北林"三山五园"研究团队和"古城意象"研究小组将历史复原及城市意象研究成果融入"北京国际设计周"展览，极大地吸引了民众的关注度（图10）。最大量的活动（56%）为针对胡同历史、古建筑彩画、古树名木等的中微观专项研究和实践探索，如"领域"团队利用APP小程序以及AR增强现实技术，以游戏的形式让人们深度探索胡同生活的文化价值及载体（图11）。另有23%的活动提供了非物质文化及老北京生活的体验，如葭苇书坊团队通过讲座、体验课程等不同形式向公众强化了中华手工纸、雕版印刷、活字印刷等传统文化的传承（图12）。还有2%的活动深入大栅栏、白塔寺、百万庄等社区，尝试专业人士和普通居民共建的小规模社区营造（图13）。

图10 "古城意象"研究小组——"古城意象"与什刹海历史街区研究展

图11 "领域"团队——老北京胡同实景历史探索解谜游戏活动

图12 葭苇书坊——雕版印刷制作体验

图13 中国青年规划师联盟——"百万庄60年60人"主题讲座

"四名汇智"计划尽管起步于 2017 年，但由于其创新、灵活的组织形式，在各方面均获得了强烈的反响，并已初步形成品牌积累效应。

首先是获得了区政府及相关官方机构的高度关注。在西城区名城委连续两年的年会上，"四名汇智"计划的专场展示占全部内容的一半以上，诸多部门领导和资深专家均给予充分肯定和高度评价。"四名汇智"计划也成为西城区"两会"关注的焦点之一，并成为西城区政府（年度）工作报告中明确的重点工作任务之一。

其次是获得了大量官方和专业媒体的关注和报道。多个组织的活动，尤其是与历史街区留白增绿、遗产活化、民生改善等方面工作紧密相关的活动，均多次被中央广播电视总台、北京电视台、北京日报等官方媒体专门报道。此外作为部分活动的成果积累，一些难以获得官方基金支持的小型、探索性研究工作得以形成学术成果，并刊载在《人类居住》《风景园林》等高规格学术期刊上。

再者，新媒体形成的影响力日趋显著。多个社会组织均通过微信公众号、知乎账号、网络社区论坛等途径，为与历史文化名城保护相关的资讯发布、知识普及与互动交流提供了便捷多样、易于参与的平台。在极为丰富的内容支撑下，也促进了"西城名城保护""CityIF"等官方机构公众号持续更新，使自上而下的信息发布和自下而上的交流反馈形成越来越良好的互动。

北京国际设计周则是"四名汇智"计划各团队的一个特殊展示平台。据不完全统计，至少有 1/3 的团队正式参与了每年 9 ~ 10 月的北京国际设计周各项展览，遍布白塔寺、什刹海、大栅栏、朝阳门等多个分会场，表现活跃，深受好评，如北林"三山五园"研究团队的展览"157 周年纪念：'三山五园'的乡愁记忆"，展示了"三山五园"地区的总体布局及特色，在 15 天的展期内吸引了 2200 余名观众参与，受关注程度位于什刹海展区之首（图

14）。各团队在丰富设计周活动的同时，也借助设计周及展区平台进行密集爆发式宣传，尤其是一定程度上实现了各项活动的交流互动和影响效应叠加，客观上使得历史文化名城保护各方面的分散工作得以较为全景式地呈现。

图 14　北林"三山五园"研究团队——2017 年北京国际设计周展览

5.1 经验总结

5.1.1 社会组织参与历史名城保护工作性价比极高

从"四名汇智"计划两年来的实践来看，这种以"自下而上"方式发起的活动，能够以每年数十万的总投入获得史无前例的参与人数、活动场数和影响力，其"性价比"远远超过既往政府主导的名城保护模式。其原因一方面是由于社会组织的志愿性、非营利性和公益性等特定的组织特性从根本上注定了其对于经济利益的舍弃；另一方面，社会组织采用的自我管理方式和扁平的组织架构，确保了资金等资源的使用过程环节少，大大减少了信息传达、监督控制等方面的成本。

5.1.2 社会组织有助于构建起政府 - 企业 - 社区 - 专家 - 媒体的沟通桥梁

对北京历史文化名城保护既往实践的回顾不难发现，政府、企业、社区、专家、媒体等各自拥有差异显著的资源。社会组织因其所具有的社会性、独立性和包容性，能够在名城保护相关工作过程中更为顺畅地联络各方，促进合作、协调利益，并通过实践逐渐构建起政府 - 企业 - 社区 - 专家 - 媒体的沟通桥梁。这种互动所形成的机制有望成为未来名城保护工作以更加可持续方式推动的载体和根基。

5.1.3 社会组织良好衔接并有效延伸的政府工作

从"四名汇智"计划的实践来看，相当数量组织在工作目标实施上实现了与政府多方面工作的良好衔接和有效延伸。最为显著的集中于 3 个方面，一是助力文保理念的公众宣传，如帝京彩画调研团队、北林"三山五园"研究团队、走读北京等通过提供讲座、展览、城市探访、游戏等灵活的活动载体，普及和传播历史文化名城保护专业知识，极大激发了社会各界的保护意识与热情参与意愿。二是相当程度上完成了文化创意产业的孵化培育，如在公众科普活动中蓣莳书坊逐渐衍生了体验课程、游学、文创制作等业务,壹贰设计则开发出以西城名景为主题的建筑水彩及钢笔画,VR 短片,明信片,帆布袋及趣味拼图等文创产品。三是支撑社区凝聚力的建设,如中国青年规划师联盟"爱上百万庄"社区营造志愿者小组,举办"到百万庄里去"主题讲座,与百万庄居民共同探讨百万庄现存实际问题,为百万庄小区的保护和更新献计献策。

5.1.4 社会组织成为面向未来的城市治理专业人才培养的绝好平台

从"四名汇智"计划来看,参与的社会组织无论是高校师生、社会自发团队、文化公司、专业机构还是公益组织,均拥有大批年轻、热忱、专业的人才。通过这一平台,能够极其高效地实现各领域青年才俊的聚集和交流,并通过一系列自发、灵活、开放的活动实践,实现无法复制、不可模拟的综合能力训练过程。在城市治理工作日趋复杂、综合、精细的时代,社会组织将无疑成为相关专业人才培养最可靠的平台。

5.2 存在问题

尽管收获丰硕,但"四名汇智"计划中也暴露出了社会组织参与北京历史文化名城保护工作的现有缺陷,在后续工作开展中尤其值得关注。

5.2.1 社会组织活动规范化与专业性有待于加强

一方面由于绝大多数社会组织仍处于萌芽成长阶段,成立时间不长,也缺乏专业指导和培训等,活动组织水平和专业水准仍有限;另一方面部分社会组织过于依赖某些个人的热情与情怀,而这些成员的流动则造成相关活动组织的持续性和稳定性不足。

5.2.2 公众参与的广泛度和社会影响力有待于加强

目前社会组织的成员往往大量来自规划、建筑、景观、遗产保护、文化传播等相关行业和官方机构,在实际工作中,既往工作经验往往有助于其与政府主导的各项工作实现顺畅衔接,但面向普通公众进行科普教育与精细组织等方面工作经验极度缺乏，客观上造成普通公众的参与有待进一步增强。

5.2.3 管理经验欠缺，期待政府提供更多有针对性的支持

目前来看，政府部门对社会组织在相关工作中的大力参与，尚缺乏充分的准备和了解。一方面，政府与社会组织之间的沟通交流不够充分，导致政府为社会组织提供的实际支持与真实需求常存在一定差异；另一方面，政府对不同社会组织参与名城保护工作的实际效果也尚难以进行全面评估，在项目甄选、监督、资金管理利用等方面制度尚不完善，也未形成有针对性的统筹和引导。

6　未来发展建议

"四名汇智"计划的实践，毫无疑问体现了社会组织在历史文化名城保护中的显著与特殊作用，但如需持续推动这项工作，相关工作应在如下方面持续加强。

进一步强化和完善政府引领的多元合作平台，尤其是引导对分散的社会组织相关工作的整合，促进团队交流与合作，更多地尝试通过集体发声提升社会影响力。此前两次年终总结大会极好的起到了相关作用，但除此以外，还应尽力引导更多日常性的、非正式的、小范围的各团队之间的交流与合作活动的展开。

政府为社会组织提供的支持应进一步多元化，除了已有的资金、场地方面支持外，在媒体关注、公众宣传、人员招募、管理培训等方面的支持势必将极为有效地弥补诸多社会组织当前运作的缺陷，支撑其相关工作的拓展提升。

加强各社会组织在实践工作中的沟通，共同探讨并逐步建立完善符合社会组织工作特点的组织管理制度、财务管理制度和绩效评估机制等。

鼓励开展持续调查研究，进一步把握社会组织在名城保护工作中的新动向、新机遇和新问题，从而建立合理有效的管理、引导、监督机制，并保持动态的更新完善。

注：图1、图7、图8、图9为作者自绘，其余均为"四名汇智"计划秘书处提供。

致谢

特别感谢"领域""壹贰设计""爱北京之北京话""城市运气""中国青年规划师联盟""走读北京""北京人文地理""帝京彩画调研团队""葭苇书坊""北林'三山五园'研究团队""'古城意象'研究小组"等团队接受采访并对本研究大力提供支持。

（注：本文发表于《北京规划建设》2019年增刊"北京西城：街区更新与老城复兴"，刊号ISSN：1003-627X。文章略有修改。）

参考文献

[1] 刘欣葵.北京城市更新的思想发展与实践特征[J].城市发展研究，2012（10）：5-8，12.

[2] 倪锋，张悦，黄鹤.北京历史文化名城保护旧城更新实施路径刍议[J].上海城市规划，2017（2）：65-69.

[3] 邱跃，陈晶.北京历史文化名城保护的创新实践[J].北京规划建设，2014（3）：78-84.

[4] 喻涛.NGO组织参与北京旧城保护的案例评析[J].北京规划建设，2014（5）：89-94.

[5] 李鑫瀚，朱云笛，许舒涵等.历史名城与青年一代：北京旧城保护更新与社区营造民间志愿团体工作交流论坛顺利举办[J].中外建筑，2016（6）：204-205.

[6] 赵幸，冯斐菲，叶楠.从建立共同认识到直面复杂问题——北京老城白塔寺地区保护更新的实践探索[J].世界建筑，2019（7）：16-19.

[7] Anthony, R. and Young, D. Management Control in Nonprofit Organizations[M]. 7th-ed, McGraw-Hill/Irwin, 2002.

[8] 王名，贾西津.中国NGO的发展分析[J].管理世界，2002（8）：30-43.

[9] Arefi M., Kickert C.（eds）. The Palgrave Handbook of Bottom-Up Urbanism, 2019.https://doi.org/10.1007/978-3-319-90131-2_2.

[10] Ostanel, E. Urban regeneration and social innovation: The role of communitybased organisations in the railway station area in Padua, Italy[J]. Journal of Urban Regeneration & Renewal, 2017, 11（1）: 79-91.

[11] 钱云.存量规划时代城市规划师的角色与技能——两个海外案例的启示[J].国际城市规划，2016（4）：79-83.

[12] 阮仪三，丁枫.我国城市遗产保护民间力量的成长[J].城市建筑，2006（12）：6-7.

[13] 李帅峥，刘瑾，许舒涵，等.从情怀走向责任——北京林业大学"乡愁北京"志愿实践团的成长与创新[J].住区，2017（5）：37-45.

[14] 冯建华，周林刚.西方集体行动理论的四种取向[J].国外社会科学，2008（4）：48-53.

第二部分

名城
——历史文化名城的前世今生

城门砖

城门砖

一句话介绍：　**在穿越百年的影像中，再现老北京的城墙与城门**

参 与 年 份：　2017 年、2019 年

团 队 介 绍：　由一群热爱北京的年轻人组成的小团体，发起人为何津津，主
要成员有郜业飞、杨力、陈骏等。大家从事着法律、IT 等工作，
利用业余时间研究和保护城墙与城门，希望用直观、简单的方式
让生活在城市里的人们认识城市、了解城市、热爱城市。他们说：
"我们就是城墙下最普通的一块砖头，努力坚守，让城墙一直矗
立在历史的长河中。"

微信公众号：　城门砖

活 动 介 绍：　**缘起《北京的城墙与城门》**
20 世纪 20 年代初，瑞典艺术史学家奥斯伍尔德·喜仁龙先生
（Osvald Sirén，1879 ~ 1966 年）旅居中国，实地考察了北京的
城墙与城门并拍摄了大量的珍贵照片。喜仁龙先生的著作《北京
的城墙与城门》（*The Walls and Gates of Peking*）记录了其考察

《北京的城墙与城门》封面

《北京的城墙与城门》内页

成果，收录了其实地拍摄的北京老城墙和城门的照片。北京城墙是北京城的骨架与见证，是北京的标志。面对历史痕迹逐渐消逝的北京城，让我们遗憾的是无法再看到完整的北京和壮丽的城墙与城门，城墙的意义目前仅限于一个个地名。但庆幸的是：喜仁龙先生用自己的相机，记录了百年前真实而沧桑的北京城。因此，我们也拿起相机，依据喜仁龙先生的老照片，尽可能地原角度翻拍和还原北京的城墙和城门。共拍摄了120余组照片。用直观的对比，实现了这场跨越百年的对话。

2017年北京国际设计周，城门砖团队在"四名汇智"计划的支持下举办了"跨越百年的对话"展览。共展出北京内城、外城、皇城的城墙、城门、角楼等50余组新老照片。通过对比喜仁龙先生拍摄的老照片和城门砖拍摄的新照片，北京城的变迁一目了然。央视新闻网络直播室对"跨越百年的对话"展览进行了播报。

前门古今合成图

崇文门（哈德门）

影像资料归档与刊发

2019 年，北京市西城区档案馆接收"城门砖"团队"跨越百年的对话"的相关资料。西城区档案馆主办刊物《西城追忆》2019年第四期刊登了"跨越百年的对话"部分成果。

德胜门古今对比图

阜成门古今对比图

广安门古今对比图

心得分享：　城墙，过去是一座城市最基础的元素，凝结着人们对一座城市的记忆。今天，一张张照片，一个个对比，见证了北京城墙和城门的沧桑，记录了北京城墙和城门的变迁，让大家对北京城及其变化有了一个更直观的了解。

在拍摄过程中，结识了很多志同道合的朋友，也接受了很多朋友的帮助，于此我们致以诚挚的感谢，对于大家的帮助和支持我们铭记在心。同时，特别向奥斯伍尔德·喜仁龙先生致敬，感谢他在百年前为我们留下的珍贵历史资料。最后，也感谢我们自己，感谢我们的坚持，感谢这份坚持带来的成果和喜悦。

"跨越百年的对话"展览海报

"跨越百年的对话"展览现场

《西城追忆》

今昔对比

北京穿越指南

一句话介绍：　　**在现场，穿越北京古城三千年**

参 与 年 份：　　2018 年

团 队 介 绍：　　发起人窦文龙，笔名阿龙，硕士毕业于中国社科院文博专业。为
　　　　　　　　了让青年人更多地了解北京所拥有的 3000 多年的建城史与 800
　　　　　　　　多年的建都史，阿龙于 2018 年发起了"北京穿越指南"系列活动，
　　　　　　　　并在喜马拉雅平台录制"追忆老北京"播客专辑，把穿越活动中
　　　　　　　　所挖掘的精彩历史故事与老北京地名、建筑、民俗故事，以音频
　　　　　　　　形式与更多人分享，目前已录制 73 期，播放量 10 万 +。

微信公众号：　　北京穿越指南，追忆老北京（喜马拉雅播客专辑）

活 动 介 绍：　　团队带领青年人探访北京城内现存的文物保护单位、公园等古迹
　　　　　　　　现场，通过对遗留的古建筑、石刻等历史物证与 100 年前的老
　　　　　　　　照片进行对比，让大家直观了解北京作为都城从辽金到明清，近
　　　　　　　　千年来曾发生的真实历史瞬间，体味穿越时空的乐趣。在 2018
　　　　　　　　年共发起了 10 次活动，走访太庙、雍和宫、景山、陶然亭、碧
　　　　　　　　云寺等历史古迹，累计参与人数 52 人。

春赏海棠，探秘陶然亭

"一座陶然亭，半部北京史"，这里有辽金经幢、元代古刹、明代窑台、清代名亭。虽是中华人民共和国成立后北京的第一座公园，但却拥有一组从中南海里迁建过来的古建筑——乾隆时期建于南海淑清院内的清音阁与云绘楼。

云绘楼（小川一真 摄，1906 年）

云绘楼照片

去景山俯瞰"最美中轴线"

初夏时节，团队带领 7 位朋友一起走进景山公园（北京内城的几何中心）。山上五亭横列，中锋万春亭坐落于北京城中轴线制高点。这里曾是明、清帝后祭祖追思的重要场所。登顶万春亭，在整个园子的制高点向下俯瞰，很容易被南侧紫禁城的全景与北侧笔直而对称的地安门大街所震撼。通过与老照片对比，才能发现中轴线上的建筑经历的那些沧桑变迁。

朝礼西黄寺，观北京"白塔之冠"

初秋时节，团队和 3 位朋友走进了西黄寺博物馆，朝礼京城四座金刚宝座塔之一的清净化城塔。乾隆四十五年（1780 年）班禅六世在寺中圆寂，乾隆四十七年（1782 年）建塔以纪念。塔的整体形制仿印度佛陀迦耶寺塔的布局，是北京仅存四座金刚宝座式塔之一。塔高 15 米，为藏传佛教的"白塔"，端庄宏伟，据说整塔的雕刻是清代白塔雕刻的集大成之作，被称为"北京白塔之冠"。

团队合影

景山万春亭北望（小川一真　摄，1906 年）

万春亭北望

西黄寺塔老照片（约翰·汤姆逊　摄，1870 年）　　　　西黄寺塔照片

在古寺中感受"故都的秋"

暮秋时节，团队和 3 位朋友一起走进了大钟寺古钟博物馆，活动想传达的理念是每口钟都蕴含着一段历史。大钟楼是该寺核心建筑，由清乾隆帝为保存楼内的永乐大钟所建，建筑上圆下方，寓意天圆地方。

大钟楼（山本赞七郎　摄 .1906 年）　　　　大钟楼前合影

今昔对比

淡欣（个人）

一句话介绍：　**用影像定格时空切片**

参 与 年 份：　2018 年

个 人 介 绍：　自 1994 年起拍摄北京胡同，初为好奇心驱使，后追求记录完整，
再后来注重比较反思。用出版物作为各个阶段的成果，现在看起
来是正确的，不仅能传播所见所得所思，也为社会留下有用资料。
这样的益处近来愈发显著，在重视保护北京传统历史街区的大环
境下，各有关机构尤为需要历史信息完整的影像，珍惜和保护历
史遗存已成为社会共识。

活 动 介 绍：　**六年北京拍摄之旅，出版《京华遗韵》**
1994 年 12 月起，以分片区划、步行走访的方式，在北京二环以
内的区域开展为期六年的拍摄，每一幅照片都有拍摄日期、地点、
内容等记录，之后于 2004 年 7 月在上海古籍出版社出版图文画
册《京华遗韵》，书中共收录 256 幅照片，分为 4 章，第一章街门，
第二章商业铺面房，第三章屋宇式街门之内外装修，第四章砖雕
建筑精品。书中每幅照片都配有文字，内容涉及这座建筑或所在
胡同的历史沿革、相关人文轶事和拍摄过程中采访到的民间传说、
建筑规制与各时代营建制度的关系、建筑装饰所隐含的传统文化等。

拍摄北京胡同十年对比照片，刊登于《中国青年报》
《京华遗韵》出版后，接到上海人民美术出版社稿约，拍摄北京
胡同十年对比照片。2005 年 4 ～ 5 月，选取 1994 年前后拍摄的
150 幅照片，在相同位置、相同角度进行对照拍摄，提供给上海
人民美术出版社，后因选题未获批准，出版计划撤销。2006 年

底,应《中国青年报》摄影版之约,从十年对比照片中选取 17 组,写成图文稿,以《有多少景儿可以重来》为题,在 2007 年 1 月 17 日《中国青年报》摄影版整版发表,图文配合,表达了对成片拆除胡同的反对意见。

拍摄第二组十年对比照片,出版《时空切片·北京胡同影像志》

2015 年 4 ~ 5 月,在 2005 年拍摄胡同十年对比照片的基础上,按照 2005 年拍摄的日期和顺序再次拍摄了第二个十年对比照片。拍摄中发现,有许多地点因为大规模拆迁和建筑新建,失去了相同景别、相同角度拍摄的条件。拍摄结束后整理出 99 组照片,除特殊情况外,每一组都是北京胡同内同一地点分别相隔十年的三幅照片,配以文字,编写成《北京胡同的 1995-2005-2015》书稿,2018 年,报名并获准进入当年的"四名汇智"计划。2019 年 11 月,书稿更名为《时空切片·北京胡同影像志》,由天津人民出版社出版。

1995 年 11 月 25 日	2005 年 4 月 24 日 东四十三条 71 号	2015 年 4 月 23 日

1995 年 8 月 19 日	2005 年 5 月 13 日 宫门口四条 1 号	2015 年 5 月 13 日

1996 年 5 月 16 日	2007 年 1 月 1 日 留学路 58 号	2015 年 5 月 29 日

今昔对比

罗云天（个人）

一句话介绍：　**盛京沈阳的文化传播者**

参 与 年 份：　2018 年、2019 年

个 人 介 绍：　罗云天，本名罗健，硕士，副研究员。中国博物馆协会会员，辽
宁省土木建筑学会理事，辽宁历史建筑专业委员会副主任委员兼
秘书长，沈阳市作家协会理事，沈阳市文物保护协会会员。从事
沈阳地域文化独立研究十余年，著有《孩子，你能行》《穿越盛京
秘境》《穿越盛京秘境 II》等。自 2014 年至今共举办主题讲座、
城市行走活动 160 余场，先后参与电视台、报社、网络媒体相
关宣传 20 余次。2016 年，参与沈阳市首次历史建筑普查工作。
先后被沈阳市新华书店聘为"全民阅读推广大使"，被辽海沈阳
讲坛聘为讲师，被辽宁省土木建筑学会评为优秀工作者，被沈阳
市铁西区学习型城市建设指导委员会办公室聘为"创建学习型城
市历史文化宣传指导顾问"。

微信公众号：　云探索

活 动 介 绍：　遵循"低碳环保、绿色出行"的理念，开展了"citywalk"城市行
走活动。不定期组织不同行业、不同背景、不同年龄段的城市文化
爱好者离开书本，一起走读历史文化街区，寻找城市秘境，共同品
味蕴藏在历史建筑中的文化底蕴。

自 2017 年 6 月开始，每月第四周的星期五在沈阳市新华书店举办
"穿越盛京秘境日"讲座。面向社会大众，通过历史文化街区建筑
解读，对城市文化进行科普宣传。截至 2020 年，"穿越盛京秘境日"

横跨 4 年，进行了 26 期，已经成为新华书店的一个品牌活动。

以同名图书为主题，在各高校及书店举办了"穿越盛京秘境"论坛，对沈阳地域建筑历史及文化进行系统性讲解，与到场学生及听众进行互动，品读历史建筑的魅力，提升城市的文化氛围，具备相当的影响力。

2017 年出版了《穿越盛京秘境》，先后被沈阳市委宣传部及沈阳市政府新闻办公室列为需特别提供的历史文献书籍，被沈阳市档案局、辽宁省图书馆等单位收为馆藏图书。2019 年，《穿越盛京秘境》全新再版。2020 年，其续篇《穿越盛京秘境 II》由沈阳出版社出版发行。该系列图书深受沈城广大读者的喜爱，形成了一批"秘境"迷。

心得分享： 自加入"四名汇智"以来，辽宁省历史建筑专业委员会的活动不仅得到了强力支持，影响范围也得以扩大到省外，有机会结识了更多志同道合的朋友，为文化遗产保护传承贡献力量。

古建科普

MAU 研习室

一句话介绍： **在研究中诠释北京古建筑之美**

参 与 年 份： 2017 年、2018 年、2019 年

团 队 介 绍： 北方工业大学建筑与艺术学院学生组成的专业研究小组，指导老
师为钱毅，主要成员包括秦子葳、郭启辰、李松波等。团队成立
于 2017 年 7 月。研究小组关注近现代建筑的调查、研究、保护
与利用等工作。MAU 研习室立足北京建筑历史文化，曾参与编
制《大栅栏历史文化街区风貌保护管控导则》、北京市海淀区 90
处"文物保护单位现状调查和价值研究"等工作；参与 2017 年、
2018 年、2019 年北京国际设计周，2019 年"四名汇智"进故宫
公益展览，2019 北京老城规划营"认领街道"等活动。

MAU 研习室

微信公众号：

"美丽家乡——北大附小和北大校园"建筑沙盘模型

活 动 介 绍： 2017 年，团队参与了北大附小模型小组的活动，辅导小学生制
作"美丽家乡——北大附小和北大校园"的建筑沙盘模型，通
过相关知识讲座，带领小朋友调查自己身边的文化遗产并制作
模型，普及文化遗产知识，提升小学生对所生活环境的历史文
化认同感。

2017 北大附小遗产教育

"发现 · 大栅栏建筑遗产价值"展览

2017 年团队参加了北京国际设计周大栅栏展区的活动,将"发现·大栅栏建筑遗产价值"展览办进热闹的大栅栏延寿街临街铺面,用直观的图示与建筑模型的形式,展现大栅栏的文化遗产,阐述它们的价值。展览吸引了许多周边居民前来参观。通过留言板、现场讲解交流以及科普讲座的方式,既让社区居民了解所在环境中的文化遗产,同时也听取了居民对居住地区环境改善的需求,构建起学术团队与社区居民沟通的桥梁。

北京国际设计周白塔寺展览

2018 年，MUA 研习室联合遗介团队在北京国际设计周白塔寺展区举办活动，展示了 2017 年以来，两个团队在青少年遗产教育方面进行的努力，并在现场搭建活动平台，吸引小朋友参与老建筑模型的制作，让更多青少年了解、认识文化遗产及其保护的重要性。

心得分享： 作为一个高校师生团队，以举办科普活动参与到"四名汇智"活动中来，除了得到资金等支持，扩大了影响范围，也有机会和更多志同道合的社会团体进行交流，收获了许多经验与友谊。

2017 年学术论坛——城市·风景·遗产：北京旧城历史空间论坛

2019 年"探索宣南四合院的多元化空间"主题科普　　　　2019 年随行北京工作营

一句话介绍：	**面向亲子的建筑遗产保护教育**
参 与 年 份：	2018 年、2019 年
团 队 介 绍：	以北方工业大学硕士研究生为主的建筑遗产科普团队，联合创始人有骆凯、王威、陈婉钰、李雪力，团队成员包括蒋晓璐、延陵思琪、金明华、刘鑫宁等。团队致力于用新颖活泼、互动亲近的方式，向大众传播建筑遗产专业知识，推动我国建筑遗产保护走向全民化进程。
微信公众号：	遗介
活 动 介 绍：	遗产保护不仅需要官方与专业人士的努力，更需要社会大众的共同参与。遗介团队在线上通过微信公众号进行公众科普、开展专家＋公众的建筑遗产主题访谈，搭接业内与公众的对话；在线下深入小学、社区进行授课，在遗产建筑点进行亲子研学。团队运用创新亲民的展示方式，传播优秀建筑遗产文化与遗产保护理念，推动公众参与建筑遗产保护。团队同时开展建筑遗产访谈，传播建筑遗产保护在专业人士与公众间的思考，搭建遗产保护沟通与共建的桥梁；研发少儿建筑遗产系列课程，引入服务体验设计，研发创新性教育类产品，普及优秀建筑遗产文化；定期组织亲子研学，依托国内丰厚的建筑遗产资源，通过研学课程，使大众家庭深度了解建筑遗产文化及保护方式。亲子遗产教育作为成人遗产保护教育的一条新道路，在使少儿直接接受教育同时，也使成人间接接受遗产保护相关知识，达到少儿教育向公众教育转化的目的，推进我国建筑遗产保护的全民化。

遗介

专注于建筑遗产保护文化科普，少儿建筑遗产保护教育，全民遗产保护活动发起方。每周一分享建筑遗产干货！不定时免费分享建筑遗产文化与保护相关资料。这里有一群成精的建筑保护户想给你一个温暖的抱抱！

90 篇原创文章 110 位朋友关注

进入公众号　　　不再关注

科普小文　　活动一览　　关于我们

消息

二十四个古村镇，你打卡了几个？
55位朋友读过

压力好大，这谁顶得住啊？角神！
原创 6位朋友读过

从2017年7月14日开始
我们坚持每周发表一篇推送

累计阅读 **13万+**，与圈内外包括国家人文历史、广东共青团、耳朵里的博物馆、风景园林网、文博圈，西城名城保护等在内的 **20个** 平台达成长期合作，文章经转载后阅读量累计达到 **110万+**。

至今已有 **119篇** 原创文章

江山辽阔 | 八大辽构探访录

为何假山比进我骨子里？

遇介攻略 | 除该如何下扬州？

"奇怪"的建筑——隆兴寺·摩尼殿

「心」中的山水——拙政园的跨界设计师

扬州看山奇遇记 | 匠人痛心乱石堆

塞外雨门，边城雄风——代县边靖楼

最后一封来自佛国的简历——法海寺里...

一封来自佛国的简历——法海寺画列...

介真·榜 | 法海寺秘史排行榜

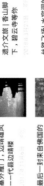

现场录 | 香山碧云寺，你怎得这么玩！

遇介文旅 | 香山脚下，碧云寺等你

丝路飞扬 水帘洞的这一千五百年（下）

千年预警 | 拆了那个垂花门！（上）

十年木前，再去看一眼大佛光寺

少儿建筑遗产课程

2018 年北京国际设计周，在白塔寺社区筹划"亮家底"展览，同年在史家胡同博物馆"名城青苗"夏令营开展"神奇的坡屋顶"活动。

2019 年北京国际设计周,在大栅栏社区筹划了"神奇遗产在哪里"的展览,向公众亮出我国建筑遗产背后的价值文化,呼吁遗产保护全民化。现场 5 个主题:神奇的四合院(四合院建筑规制)、神奇的垂花门(垂花门建筑形式解构)、神奇的屋顶(古建筑屋顶类型解密)、神奇的天宫藻井(隆福寺天宫藻井全方位解析)、我的城(古代城池规模展示)。展览影响涉及本地居民与外地游客,受众年龄从 8 岁至 70 岁,惠及 200 余人。展览亮点——隆福寺天宫藻井复原模型被《北京晚报》采访并登报,《北京日报》《学习强国》等平台陆续转载传播。

《人民日报》遗介报道

遗介团队

互帮互助学习小组

互帮互助学习小组

一句话介绍：　让参观者变成参与者，通过亲手搭建古建筑，传递建筑的智慧、乐趣和文化

参 与 年 份：　2018 年、2019 年

团 队 介 绍：　由建筑及设计爱好者组成的自发团队，创始人为吉舟，主要成员有姜义铮、张应鹏等。历经三年，通过查阅典籍、搜集照片、对比实物，不断探索老北京城门城墙的故事，研究城楼、箭楼的构造并制作实物模型。团队希望通过互动搭建而非瞻仰模型的方式来普及传统建筑文化，让每一个参观者都能变成参与者，通过亲手触摸、拼装古建筑模型，感知中国古建筑的基本构造并体会榫卯连接中蕴含的妙趣。

微信公众号：　见微丨喜木

活动介绍：　团队在 2018 年北京国际设计周中举办展览，将制作完成的箭楼斗栱模型供参观者拼装体验，并展示北京城墙城门的完整建拆史和清末民初的老照片，普及观众对北京城墙、城门的认知。

2019 年，团队进行了传统建筑科普活动和课堂教学，把传统建筑文化系列课带进中学课堂，举办游戏型科普活动，提升青少年对我国传统建筑文化的认知和认同。

同年团队完成了箭楼大木结构模型，举办小型搭建活动，参与者通过亲手组装模型，更真实客观地认识传统建筑的结构奥秘。

在未来，团队给自己设立了一个新目标："箭楼搭建千人计划"，记录 1000 个搭建过箭楼的人并将合影组成照片墙。完成箭楼结构搭建的目的是为了让大众亲手体验建造过程，拉近人与古建筑的距离，使其不只是作为一个观者，更能亲身体验建筑的搭建过程，与看似久远的古建筑建立亲密关系，以此凝聚大众的力量共同参与到建筑文化的保护与传承中。

艺勇军团队

一句话介绍：	**破解老北京的色彩密码**
参 与 年 份：	2018 年、2019 年
团 队 介 绍：	由北京建筑大学设计艺术研究院陈静勇教授主持负责，张可凡、孙小鹏、林琛、谢汀梓、姜晓姗、詹梓楠、靳丽颖等多名研究生共同参与的学术研究团队。团队致力于北京历史文化名城保护的色彩专项研究，除出版相关学术专著之外，也积极参与到北京历史文化名城的保护与发展中。自 2009 年，团队从国家文物局"2010年指南针计划专项——北京先农坛太岁殿古建筑精细测绘"项目开始，持续开展"地理色彩信息管理系统"数据库建设。近年来，团队专注于北京地理色彩研究的相关工作和课题研究。2019 年，研究团队基于十年基础数据采集、统计分析和提炼，侧重提出北京古都风貌区地理色彩从整体到局部、从知觉到量化的展示形式创新方法和控制研究。
微信公众号：	北京地理色彩
活 动 介 绍：	2018 年 8 月，《北京日报》《北京晚报》分别以《老城历史街区"色彩基因"：赤青黄白灰》《从"灰调复合色"到"青赤黄白灰"寻找北京老城的色彩"基因"》为题，报道了"艺勇军"团队的色彩研究。

"北京传统中轴线色彩——密码解读与再构"主题展
2019 年 9 月参与北京国际设计周设计之旅——大栅栏社区分会场展览活动。以"北京传统中轴线色彩——密码解读与再构"为

主题，通过展板、图表、实物等形式，展示在城市人工、社会人文、自然地理、色彩映像影响下的北京传统中轴线区域色彩风貌概况与特色，加深观众对于传统中轴线色彩的视觉与心理认知。

展览结合专著《北京地理色彩研究》等相关学术成果，以北京传统中轴线色彩密码解析为主要内容，面向在地居民、游客、相关学术团队、专家学者等进行城市色彩案例分享。这次活动也作为学生团体参与名城保护与文化传播的活动之一，以学术研究为主参与名城保护，注重引导社区居民参与名城保护和历史街区更新发展的意愿。

"'怡适祥和'的大栅栏历史街区色彩风貌映像"主题分享

在后续互动中，团队也会陆续与社区合作，将所思所想带入社区，服务公众。2019 年 9 月 23 日，团队受北京市西城区大栅栏街道煤市街东社区党委和北京大栅栏投资有限责任公司的邀请，来到施家胡同 21 号"大家客厅"，联合开展了"煤市街东社区党委服务群众项目"，与在地居民代表开展了"'怡适祥和'的大栅栏历史街区色彩风貌映像"主题分享和社区文化建设互动交流活动。活动期间，学生们与周边居民互动频繁，既传播城市色彩的知识，又从本地居民了解到街区相关历史信息，双向互动反馈良好。

艺勇军团队成员合照

施家胡同 21 号活动现场

活动社区居民合照

北林"三山五园"研究团队

一句话介绍：　园林学子深耕"三山五园"，以青年视角发掘和传播文化遗产价值

参 与 年 份：　2017年、2018年、2019年

团 队 介 绍：　成立于2015年，是一个由在校本科生和研究生自发成立的学术
组织，创始人为北京林业大学风景园林学在读博士生朱强，团队
主要成员有王钰、高珊、贾一非、曹舒仪、杜依璨、郭佳、王怡
鑫、姜骄桐、周书扬、田晓晴等。团队旨在凝聚青年力量，对著
名的世界级风景文化遗产"三山五园"开展复原研究、文化挖掘
和公众科普，助力遗产保护和文化复兴。在"四名汇智"的支持
下，团队围绕"三山五园"开展了丰富多样的活动，取得了十分
广泛的社会影响力，发表论文数篇、出版专著1部，举办展览、
沙龙、直播，制作广播、纪录片等，得到《北京青年报》《北京
晚报》《北京日报》《文汇报》《光明日报》以及人民网、学习强
国APP、北京电视台等媒体报道。

微信公众号：　北林三山五园研究

活 动 介 绍：　2017年于北京国际设计周（什刹海分会场）举办了"157周年纪
念：'三山五园'的乡愁记忆"主题展览及沙龙，以图文展览、

2017年北京国际设计周展览

2017年北京国际设计周展览沙龙

纪录片、互动游戏相结合的形式，生动地展示"三山五园"的今昔巨变和文化魅力，得到广大观众好评。

2018 年录制"三山五园，朕有话说"系列节目并在喜马拉雅 FM 发布。将康熙、雍正、乾隆、嘉庆祖孙的 6 篇御制园记译为白话文，以第一人称讲述造园的前因后果。同年还拍摄"行走三山五园"系列纪录片之"水脉寻踪，三山揽胜"并线上发布。观众通过实景讲解，可走遍 20 公里的京西山水画廊，感悟"三山五园"与京城的千年文脉、水脉。

2019 年团队出版了学术性园林科普书籍《今日宜逛园——图解皇家园林美学与生活》并在颐和园发布，同期举办系列线上、线下的推广活动。该书以大量复原图、古画和 15 万字，由 8 位专家把关，生动而系统地介绍了"三山五园"的沿革、布局及皇家生活，充分彰显了园林艺术文化价值，堪称一部"宝典"。

心得分享：　3 年来，借助"四名汇智"的平台，我们不仅用多种活动扩大了"三山五园"的影响力，而且结识了像我们一样热爱这座古都的朋友们。只有政策支持和社会参与形成良好互动，文化遗产才能焕发出璀璨的魅力。愿"三山五园"的明天会更好！

"行走三山五园"工作照

《今日宜逛园》系列产品

"三山五园，朕有话说"主播合影

游园绘梦

一句话介绍： **跟着乾隆皇帝，在绘本中领略圆明园盛景**

参与年份： 2019 年

团队介绍： 由北京交通大学建筑系学子组成的古建爱好者团队，主要发起人为周超，指导教师为潘曦，主要团队成员为罗元佳、麦思琪等。团队成员对中国古建筑和中国古典园林有着非常深刻的认识和了解，依托于北京交通大学圆明园研究所、圆明园管理处等机构的支持，以科普绘本为载体，面向儿童以及对圆明园感兴趣的普通人群介绍圆明园盛时风貌，对圆明园起到宣传作用。

活动介绍： 秉承着展现中国皇家园林的魅力和古代劳动人民智慧的理念，游园绘梦团队整理圆明园相关资料，并多次进行实地调研、交流讲座与评图沙龙等，创作了《画说圆明园》系列绘本《乾隆带你游长春》一书，希望帮助大家在现实的断壁残垣中，一窥圆明园长春园的盛时风貌。

圆明园是圆明园、长春园、绮春园三个皇家园林的总称。它历经了雍正、乾隆、嘉庆、道光、咸丰几代帝王 150 余年的经营，集天下园林之大成，是中国园林成就的最高峰，被国外誉为"万园之园"。

长春园作为圆明三园之一，主要由乾隆皇帝主持建造，是三园中精心规划、独具特色的一处园林，它承上启下，著名的西洋楼景区就位于长春园北部。从长春园修建者乾隆皇帝的视角出发，以乾隆带领外国使臣游园这一事件为线索，展示这座中西合璧的园林中的景点、建筑及其背后的历史故事与文化内涵。

大水法是圆明园里最壮观的大型喷泉景观，巨型的喷水池在立柱正中央，他周围的水池里摆放着取材自寓言神话的"猎狗逐鹿"雕塑，真它的左右还有两座十三级台阶形喷水塔。假如过去过往，如今我们只见散落的断壁残垣了。

海晏堂是由前面的主楼和后面的蓄水楼构成，"海晏"的意思是"河清海晏，国泰民安"。据青河水漫清，大海风平浪静，此喻天下太平。海晏堂最著名的就是十二生肖喷水雕塑，每到一个时辰，代表这个时辰的生肖喷出就会喷水。

从海晏堂往西去就是远瀛（ying）观，在这里可以欣赏无水法的独特景象。它修建于乾隆四十八年（1783年），是西洋楼开区最后竣工的建筑。这里曾经挂有乾隆宝爱的绣锦，黑瓦碧瓦样多珍宝，可以算得上是一座"宝库"了。

园林研究

北林园林"溯洄"护城河团队

一句话介绍： **探寻历史水系中的城市记忆**

参 与 年 份： 2018 年

团 队 介 绍： 北林园林"溯洄"护城河团队关注北京护城河的保护、存续和
发展，致力于运用景观的手段改造护城河，赋予其更高的城市
地位，重新掀开护城河的历史，唤起人们对古老河道的记忆。
从访谈中寻找记忆线索，根据史料绘制护城河历史地图，设计
制作多样的文创产品，参加文化集市与"北京老城的历史空间
发展"论坛，分享护城河的故事。

活 动 介 绍： 500 余年风霜雨雪，护城河已成为北京城不可或缺的一部分，但近
几十年护城河被飞速发展的城市蚕食得所剩无几，大部分河段被盖
上盖板成了公路下的暗河，桨声灯影不再，唯余车水马龙。

北林园林"溯洄"护城河团队希望通过调查、走访，深入到这条古
老河流的"前世今生"中去，通过复原图呈现和微信平台推广，使
更多的人了解京城这条曾经的"绿色项链"，并以护城河水系的恢
复为契机，联通城市历史文脉，唤醒城市的文化记忆。

2018 年 7 月 19 ~ 24 日，团队展开了实地调研与走访。在前三门
区域的胡同、商业区发放问卷，通过对护城河印象深刻的老居民展
开采访，挖掘护城河曾经与人们生活之间的关系。从市民口中探寻
护城河的旧影，采集现状照片，记录现今护城河的存迹。查找资料
以及各个时期的北京地图、北京水网图，对比护城河的变迁。制作

分析图、撰写论文并统计问卷、分析数据。团队建立了公众号，分享了调研背景和展示成果，共推送 7 次。整理写生绘画作品，剪辑视频，编辑访谈录。利用初步成果制作了明信片、扇子、书签、团队队服等文创产品，在第二届北京老城历史空间论坛中分享，并参加了北京设计周分会场的文化集市。团队还参加了北京林业大学园林学院实践表彰分享会，在北京林业大学园林学院暑期实践汇报分享会中分享、展示活动成果。

第三部分

名业
——非物质文化遗产的创意传承

宣南记忆——精品牛街

一句话介绍： 小吃说历史，手艺讲故事，用"传统美食体验做"的形式传播古
都北京的老城文化

参 与 年 份： 2019 年

团 队 介 绍： 团队创始人为经典牛街小吃"黑记茶汤"传承人黑晓青。团队通
过整合优质小吃资源，打造出了"精品牛街"品牌，致力于北京
小吃文化的传承与发展，以"小吃承载文化"的理念进行艺术探
索，是北京非遗文化活态展示与体验的先行者。

活 动 介 绍： 团队以"小吃历史与文化"为媒，在北京清真小吃的发源地牛街搭
建了社区文化交流平台"宣南文化体验馆"，举办讲座及交流活动；
在公众号中开办"晓青在牛街"栏目，挖掘及走访与小吃文化相关
的非遗内容及非遗技艺传承者，以口述史的形式客观地记录下与之
相关的人物和事件。

宣南文化体验馆讲座

团队所创立的"宫廷 FUN 北京 WAY 小吃体验做"课程依托于牛街特色小吃产品、小吃手艺人及技艺，满足大众的文化休闲需求。课程特色：一是在小吃的选材和小吃品种上依照传统选料及题材，保持了小吃形式和口感的纯粹性；二是课程主讲人为非遗传承人，保证了讲解、示范和制作的专业性。课程的意义在于将小吃后台制作搬移到体验者面前，引导体验者使用传统的手工器具，拉近了公众和非遗技艺的距离。

团队曾在南城演出的沉浸式戏剧——民国题材的《长椿寺 破晓》与丝路运河题材的《榴花图》中本色出演小吃摊主，诠释老北京传统美食文化。

体验活动现场

《榴花图》剧照

团队在社区、博物馆、公司企业、节事和外事活动中进行文化推广活动，两年来参与及主办文化活动 100 余场次，举办课程活动 30 场次。传承家族创新史写作 10 万余字，牛街文化名人及非遗传承人专访与纪实数十人次。受到中新网、北京电视台、ChinaDaily 等媒体的采访报道。

天桥非遗活态展示

天桥 BTV 报道

Summer snacks from B&R countries conquer Beijing taste buds

chinadaily.com.cn
Updated: May 25, 2019

[Photo provided to chinadaily.com.cn]

Foreign embassies and enterprises from over 20 countries involved in the Belt and Road Initiative brought their local specialties to the International Delicacy Carnival held in Beijing from Friday to Sunday.

ChinaDaily 报道郎园活动

延寿单弦队

一句话介绍： **南城胡同社区里的传统曲艺剧团**

参与年份： 2019 年

团队介绍： 来自北京市西城区大栅栏街道延寿社区的居民兴趣爱好小组，发起人为曲艺界退休老艺人周淑珍。团队成立于 2007 年，以传承、保护、宣传、教育传统艺术单弦牌子曲为目的，群众自愿报名参与，原为单弦教学班，后逐渐形成单弦队。单弦队现有成员 15 人，其中教师 1 人，弦师 2 人，演员 10 人，管理员 2 名。团队获得延寿街社区党委支持。

活动介绍： 延寿单弦队继承单弦牌子曲的技艺，传播老北京古老艺术珍品；宣传传教单弦牌子曲知识和艺术，维护非遗产品本来面目和正统性，在继承的基础上发扬古老艺术并与现代艺术配合，与时俱进、发展创新，为现代社会服务。团队成员每周三坚持集中排练准备节目，每月 1～2 次为居民慰问演出。主要参加延寿社区党政节日庆典活动、北京市各区县单位企业集会庆典活动、西城区部分敬老院及老人生日祝寿演出、西城区票房鼓曲展示活动、北京市单弦技艺切磋互动活动、全国或北京市西城区鼓曲比赛参演活动、单弦艺术教学活动。向敬老院老人、残障人士、社区志愿者、老党员、少年儿童以及先进模范人物献上爱心，让他们收获幸福，同时团队成员也感到欣慰。

喜迎七一党的生日 "四名汇智" 延寿单弦队传承鼓曲单弦慰问演出

北京正明圣达老北京叫卖艺术团

一句话介绍： 在叫卖声中重回昔日老北京

参 与 年 份： 2019 年

团 队 介 绍： 成立于 2005 年，团长孟雅男是北京市第二批非物质文化遗产"老
北京叫卖"第三代传承人，主要成员包括郑光荣、梁凤英、赵金秀、
张战等。艺术团成立以来一直活跃在首都的文化舞台上，为丰富
北京百姓业余文化生活、活跃京味儿艺术作出了大量的成绩，在
大力推动首都精神文明文化建设的同时，艺术团还积极通过自身
的各类演出和活动，向社会各界展示老北京的民间文化艺术，树
立了艺术团的社会公共形象。艺术团通过开展社会实践活动，向
观众展示充满老北京气息的艺术演出，同时艺术团还组成文化志
愿服务队，把精心编排的节目送到城市社区、厂矿和偏远的乡村。

微信公众号： 北京正明圣达老北京叫卖艺术团

活 动 介 绍： 开展非遗进社区老北京叫卖知识讲座、非遗进社区老北京叫卖表演
和老北京文化知识讲座。

心 得 分 享： 感谢"四名汇智"提供这么好的平台，让我们更好地传承非遗叫
卖文化艺术！ 2021 继续努力！

天桥艺术中心城南大市集

非遗传承

西城古琴学会

一句话介绍： **以琴会友，传承非物质文化遗产**

参 与 年 份： 2019 年

团队介绍： 由爱好古琴、从事古琴事业的发起者组成，旨在传承、弘扬古琴文化。团队创始人为吴弦，主要成员为吴弦、权泠、汤昊羽、蒋逸、黄亚男、高广新、金莹。

活动介绍： 2019 年 11 月 23 日，西城古琴学会在百顺社区国粹苑举办了"纪念梅曰强先生诞辰九十周年古琴特别雅集"。广陵派琴人梅曰强先生仙逝已有 16 个年头。喜欢古琴、喜欢广陵、喜欢梅老的朋友们一起，以琴声怀念先师，借广陵再续琴缘。梅先生生于 1929 年，字南移，祖籍江西省湖口县，师从广陵琴派第十代传人刘少椿，是"广陵派"第十一代宗师，曾任中国音乐家协会会员、中国琴会常务理事、南京市音乐家协会理事。他的古琴弹奏风格以广陵派的绮丽细腻、跌宕多变、刚柔相济、音韵并茂为主，兼收浙派之豪放清雅、川派之激荡狙狂、金陵派之文雅高逸而自成一家。他主张音正韵和、清远古穆、自然舆修为兼集，入流派而不囿于流派。梅先生在 2003 年因肺病急性发作离世。

心 得 分 享： 2019 年，正值梅曰强先生诞辰九十周年，感谢"四名汇智"的支持与帮助，得以在这个具有纪念意义的特殊年份，成功举办纪念活动，大家共聚一室，怀念先生。

艺亿家

一句话介绍：　**将中式美学与传统手工艺玩出当代潮流**

参 与 年 份：　2019 年

团 队 介 绍：　杨丽丽、于茜、方成根等人共同发起的科技文化平台，致力于为
　　　　　　手工艺者、个性玩家、材料供应商三大主流群体牵线，将潮流与
　　　　　　传统结合文化输出、手工 IP 孵化、衍生品开发与授权、展览展
　　　　　　会体验式社交娱乐集于一体，推动线下文化体验活动。团队成员
　　　　　　中不仅有非遗传承人，也有科技人才，自成立以来一直坚持传统
　　　　　　手艺和传统文化的传承、传统与现代的结合、非遗的传播与实践。

微信公众号：　艺亿家

活 动 介 绍：　通过开展汉服文化的传播、交流与学习活动，让中式美学进企业、
　　　　　　进金融机构，让传统与金融相结合迸发出不一样的烟火。团队的汉
　　　　　　服表演团受邀中关村股权投资协会 2020ZVCA 之夜，表演了汉服之
　　　　　　美大型汉服秀，20 位汉服模特身穿中国传统服饰走上秀台，为大
　　　　　　家呈现了一场奢华典雅的传统文化表演。这场秀上，汉服模特身着
　　　　　　不同朝代的传统服饰在现代人群中进行的演绎，表达了青年人对我
　　　　　　国传统文化及其走向国际态势的自信。

　　　　　　团队的老手艺新传承项目通过提取传统手艺元素，结合现代工艺、
　　　　　　现代审美及新手艺人的技艺，通过 3D 建模、手工刺绣、料器等工
　　　　　　艺呈现，将"潮"与传统文化融合，通过手艺与现代的破次元碰撞，
　　　　　　用科技新视觉为传统文化全新赋能，通过古今跨时空对话场景铺设，
　　　　　　将"老手艺＋新视觉"与新生活理念紧密结合，充分展示品牌文创
　　　　　　理念及创新精神。

城市运气设计工作室

一句话介绍： **用摄影寻找这座城市的运气**

参 与 年 份： 2017 年

团 队 介 绍： 城市运气设计工作室是探索城市的摄影和文创设计团队，希望以
自己微薄之力串起北京探索的路径，深入感受这座城市，让每个
人在陌生的城市里，都能有一个自己熟悉的街道。

活 动 介 绍： 城市运气工作室的活动分为三个板块：摄影北京，用相机记录下北
京城市图景，用图片向生活在北京的人们展示不一样的北京。探索
北京，通过组织活动，体验不一样的北京，城市是一座大荒原，让
人与人连接。阅读北京，设计文创产品，制作北京摄影集，为北京
留下优质的纪念品。

2017 年团队在"四名汇智"计划支持下举办了一场展览，展览包
括北京城历史与现代样貌的对比、人们日常的生活状态。展览中还
推出了团队合力设计的城市摄影文创笔记本。

葭苇书坊

一句话介绍： **在雕版印刷、老地图、古星图中领略古人生活的浪漫、智慧与美丽**

参与年份： 2017 年、2018 年、2019 年

团队介绍： 致力于将传统文化融入当代生活的文化机构，创始人周博、王妍婷，主要成员郝鑫、代清杨、张曼。团队以倡行汲取古典智慧、温习传统生活、体悟传统技艺为主旨，关注思想学术、雅趣生活、民俗风物、匠心技艺的传统文化领域。书坊定期举办书斋雅集课程、策划传统文化展览、推行游学采风、开发古典文创，并支持传统文化的出版和研究项目。

团队成立于 2017 年 3 月，致力于传播弘扬茶艺、插花、香道、琴乐等传统文化和手作中华古纸、雕版活字印刷、木版水印等传统技艺，跨越古今，勾连中西，以现代形式展现悠悠古韵，让大众领略中国传统文化的魅力。

作为传统书斋的突围者，"葭苇书坊"倡导身体力行地在实践中体悟古典文化，汲引古人的思想智慧、处世哲学、思维模式、价值理念，在与大众文化对话互动的过程中，感受古人浪漫、慢节奏、踏实做事的态度。

活动介绍： 2017 年 11 月 19 日，在故宫武英殿举办了雕版活字讲座。11 月 26 日举办京城旧影：老北京土法造"豆纸"公益手作活动。

2018 年 7 月团队带着"中华古纸之美"造纸体验课进入中国科技馆"华夏科技学堂",9 月 9 日举办了北京隆福寺星图溯源讲座,10 月 13 日举办了北京古观象台的前世今生游学体验课,11 月 17 ~ 18 日组织了仰望北京城的古代星空观星体验课活动。

2019 年，举办了"老北京地图和风物"系列活动。在我们看来，城市是流动的历史，而地图便是它最独特的记忆方式。泛黄的点线面图卷，刻画的是那个时代的切片。北京这座具有三千多年建城史和八百多年建都史的城市，留下了不少的珍贵记忆。因此，团队以"风物与地图"为主题，精选明、清、民国至近代的 20 余幅北京城舆图复制，结合老照片和若干超长幅的历史场景画卷，从城市、风俗、交通、建筑等角度，勾勒出北京近五百年来城市和风物变迁。团队希望，通过这些地图和历史画卷，打开一扇通向老北京的窗户。

2017 年故宫武英殿的雕版与活字讲座活动现场

2018 年北京隆福寺星图溯源讲座现场

2019 年老北京地图与风物展现场

当人们感叹一些优秀传统文化渐行渐远时，
葭苇书坊正在用行动以一种全新的传统文化传播方式
把昔日亭台楼阁中的"大雅"还俗于民间。

葭苇书坊
手绘：北林"乡愁北京"实践团

壹贰设计

一句话介绍：	**诞生于高校、活跃于四九城的年轻文创设计团队**
参与年份：	2017 年、2019 年
团队介绍：	由高校大学生创业团队发展而来的创意设计团队，始建于 2015 年 10 月，主要创始人为李元浩，主要成员为侯孟林、王博洋、陈嘉晖、宋昕、汤欣达、王旭等。团队活动涵盖平面设计、文化创意产品设计等，自成立以来曾获"创青春"全国大学生公益创业赛北京市及全国金奖、阿克苏诺贝尔中国大学生社会公益奖 Elotex 特别奖等荣誉。立足"四九"城，始终以探索、发展的眼光不断挖掘、创新，致力于为各类机构的文化建设创造力所能及的价值。
微信公众号：	壹贰设计
活动介绍：	"掌上西城"是壹贰设计历时三年开展的文化创意品牌，团队以建筑学学生独有的钢笔手绘技法以及水彩画为主题，创作有关西城区名城风貌的画作，结合 VR 等现代展示技术，开发出明信片、拼图等文化创意产品，以此为媒介，尝试以团队独有的视角展现及推广西城的名景和文化。
	团队以西城名景为主题，以水彩、钢笔画、插画等形式，附加 VR 等技术，开发文创产品。不仅表现了团队成员眼中的西城，更能通过微信扫码感受实景，希望西城元素在融入人们日常社交和生活的过程中，更为人们所感受、喜爱，并以产品为媒介，传播四合院门楼样式、北京城门文化等老城及古建知识。并通过参与北京国际设计周等展会以及线上推广等形式进行宣传。

在北京国际设计周期间，壹贰设计开展了"手绘体验"（将建筑钢笔画作为底纹印制在分割开的板上，参与者可将一块手绘取下进行临摹和自行创作）"热点地图"（将西城区地图以手绘及卡通画的形式展现，参观者可将自己对不同西城名景的记忆、感受书写并粘贴在相应的位置）"VR体验"（现场配备VR眼镜，参与者微信扫描各个场景明信片上的二维码进行体验）等活动，加强体验与互动。

四九文创

一句话介绍：	**萌萌墨宝走京城，传播老北京文化**
参 与 年 份：	2019 年
团 队 介 绍：	建立于 2017 年的文创团队，创始人施可，活跃于文创行业和 IP 授权领域，创立"四九文创"和"MoBo 墨宝"两个品牌，具有丰富的文创产品设计服务经验，拥有文化主题熊猫 IP"MoBo 墨宝"。
微信公众号：	墨宝逛吃逛
活 动 介 绍：	团队以熊猫 IP"墨宝"为主人公，结合传统文化内容，开发了衍生产品，并组织文化活动和文化展览，传递文化精神。

2019年团队的墨宝系列产品被北京市文化旅游局认证为"北京礼物"并荣获"最具潜质奖"。

2019年团队参加了北京国际设计周白塔寺再生计划"暖城活动",举办了"一语三春暖——墨宝主题展";参加了中国文化IP及创新设计展并荣获"金竹奖";还参加了前门历史文化节暨当代艺术文创IP展。

同年团队还接受了《环球网》的专访和《中国知识产权报》专访;在北京电视台文艺和卫视频道多次上镜;墨宝系列产品还被收录在了《旅游购物指南》杂志。

第四部分

名人
——历史文化名城保护的有缘人

张传玖·走读北京（个人）

一句话介绍： **走北京古城，读皇都京韵**

参与年份： 2017 年、2018 年、2019 年

个人介绍： 常年利用周末组织的纯公益文化活动，以弘扬中华优秀传统文化为主要目的，同时向听众象征性地收取费用，再统一捐助需要帮助的人。

微信公众号： 走读北京

活动介绍： 自 2015 年开始，张传玖开始为公众免费讲解十三陵、清东西陵、长城等，得到了广泛认可。2017 年开始，其独自一人利用双休日组织开展了纯公益文化活动"走读北京"，故宫、天坛、颐和园、孔庙国子监、中轴线、大观园、陶然亭、北海、景山、园博园、恭王府、长城、明十三陵、清东西陵等，都是走读北京的目的地。2015 年、2016 年全部免费，自 2017 年开始，每次活动学生免费，其他人士每人赞助 30 元或 50 元，所得善款全部资助贫困学生、民营文化团体或重症病人，均当场转交受捐人。截至 2020 年 10 月底，走读北京共举办 140 期，现场听众超过 5000 人次，募集善款超 8 万元。走读北京五年来，张传玖尽心宣扬中华优秀传统文化，并带领大家做力所能及的公益，给予处在人生低谷的人以爱心和信念，在孩子们心中播下爱与文化的种子。

心得分享： 生活在某个地方，就要爱这个地方；爱这个地方，就要了解这个地方；了解这个地方，就要认识这个地方的自然地理与人文历史。北京是一座丰富得难以穷尽的文化之城，说不完三千年建城历史，讲不完

八百载古都文明，谈不完宫廷内帝王将相，道不完胡同里百姓人家。

正是有了皇都北京，才有了"走读北京"这项文化公益活动。

天坛讲解

颐和园讲解

大观园讲解

故宫讲解

陶然亭之兰亭讲解

景山讲解

迈步向前

在北京城里走着

在弘扬传统文化的路上走着

帝京彩画调研

一句话介绍： **有故宫范儿的古建筑彩画专业调研与分享**

参 与 年 份： 2017 年、2018 年、2019 年

团 队 介 绍： 来自故宫博物院的高级工程师曹振伟和来自北京建工建筑设计研究院的建筑师熊炜，共同组成了古建筑彩画调研的专业团队，用业余时间记录北京市古建筑彩画的现状，向大众传播彩画知识。

活 动 介 绍： **线上分享**

自 2016 年 11 月 19 日起，帝京彩画调研团队坚持每周二晚在网络上讲解、传播彩画知识。历时 3 年半，讲解内容近 30 万字。从 2020 年开始，团队全面讲解故宫内各建筑的彩画，建立起两个微信讲解群。微博粉丝近 62 万，最受关注的帖子阅读量近 80 万。

线下探访

团队先后多次组织爱好者参观故宫、恭王府、智化寺、先农坛、法海寺、承恩寺、历代帝王庙以及石景山文研所、福祥寺、旌勇祠等处，进行彩画实地讲解活动。团队与来自八里庄小学的"四名汇智"团队合作，面向五年级小同学进行两次彩画讲解及实际动手操作活动，让同学们了解明清彩画，更加认识自己学习彩画的价值所在。

文物保护呼吁

面对亟待关注的文物建筑，团队积极开展文物保护呼吁行动，包括：隆长寺彩画保护：隆长寺位于西城区，始建于明万历时期，清乾隆年间修缮，目前已进入腾退阶段。团队多次前往调研，发现大

量珍贵的明代万历与清代乾隆时期的彩画遗迹，并撰写呼吁保护的文章，受到《北京日报》等媒体关注。同时，在"四名汇智"计划的帮助下，与修缮设计单位取得联系，共同合作拟对隆长寺的彩画进行深入的价值评估，申报研究课题，为保护彩画作出贡献。

隆长寺明代彩画露容

隆长寺大千佛殿观音像

北平研究院调查人员在隆长寺合影

天王殿内前檐彩绘构架图

隆长寺天王殿背面

隆长寺天王殿

新近的大千佛殿，曹振伟供图

大千佛殿前乾隆御笔诗一首

本版撰文 隆晋东 许永全 课题研究组 中国文化遗产研究院供稿

法海寺彩画研究：受石景山文委及法海寺、承恩寺的邀请，团队对明代彩画进行实地调研，并做专题讲座，讲解法海寺彩画的艺术价值。为法海寺、承恩寺的规划方案提供价值参考依据。

龙王庙彩画研究：受北京市委党校包卫东老师的邀请，团队对黑龙潭龙王庙区内彩画进行调研，充分评估其价值。庙内现存和玺彩画、旋子彩画、苏式彩画三大类型，含清代中期、中后期、晚期等多个时期的遗迹。部分彩画存在多层叠压的痕迹，部分旋子彩画的旋眼小点金做法是北京市内少见的遗迹之一。

纳兰性德家庙调研：现场发现珍贵的康熙时期和玺彩画、旋子彩画原迹，为研究上庄东岳庙的发展历史提供了有益的帮助。

法海寺彩画调研活动

黑龙潭龙王庙彩画价值评估

上庄东岳庙彩画调查

帝京彩画调研
手绘：北林"乡愁北京"实践团

城市探访

齐吾岗巴研究社

一句话介绍：	**藏地文化在北京——丰富包容的古都剪影**
参 与 年 份：	2018 年、2019 年
团 队 介 绍：	由来自经济、管理、艺术、社会学等不同专业背景的 4 位成员——张晓敏、李健、拉欧达布、姚霜共同组建的团队，主要宗旨是依托北京老城深厚的历史文化底蕴，研究藏地文化与艺术在北京的发展情况，通过历史和现实的对话，促进民族间交往、交流和交融。团队成员对北京的藏传佛教寺庙与北京文化中心建设的关系具有共同的兴趣，并进行了多次讨论交流和实地踏勘。
微信公众号：	齐吾岗巴研究社
活 动 介 绍：	在"寻访北京 21 座藏传佛教寺庙"活动中，团队实地寻访了 21 座藏传佛教寺庙。其中，作为宗教活动场所开放的有雍和宫；作为博物馆开放的有妙应寺、五塔寺、普度寺；作为旅游景区景点开放的有北海公园永安寺、阐福寺等 7 座寺庙；作为酒店餐饮及展览场所的是广济寺等 3 座寺庙；作为居民杂院的是福祥寺、五门庙；作为单位或学校办公场所的是普胜寺、后黑寺；作为中国藏语系高级佛学院的是西黄寺；作为文物遗迹的是护国寺（金刚殿）、宝相寺。

寻访黄寺

寻访白塔寺

北京国际设计周现场　　　　　　　　北京国际设计周研讨

在北京国际设计周期间，团队举办了与藏传佛教寺庙相关的展览。展览一方面呈现了北京现存 21 座藏传佛教寺庙的历史与再利用情况，推动培养公众的历史文化名城保护意识；另一方面将西藏齐吾岗巴绘画风格的唐卡作品介绍给北京的观众。这是一个源自于元代的藏传佛教绘画艺术流派，在西藏几乎失传了将近四百多年。通过邀请来自西藏的画师开办个人唐卡作品精品展，团队向公众呈现了有历史接续感、生命力和文化底蕴的藏传佛教艺术。

此外，团队还举办了数次沙龙活动，围绕以下问题进行讨论：唐卡的真正价值是什么？是不是还像过去那样是一种贵族的艺术？它走向大众化之后会面临怎样的问题？老城更新过程中可以引入什么样的功能，与白塔寺文化非常契合的齐吾岗巴风格绘画是不是提供了一种可能？在寺庙的保护和更新过程中，其再利用是否可以多元化？在北京国际设计周期间，以上讨论引起了诸多深层次的思考，孵化着未来的探索。

心得分享：　一是深入挖掘深厚的古都文化，并参与北京城市的发展，让个人在北京的城市里获得了更多的归属感；二是藏地文化魅力独特，古都文化博大包容，二者相互影响、共同发展、交融交往，体现了中华文明共同体的精神，体现了北京文化中心的魅力所在；三是深感荣幸的是，我们团队和"四名汇智"平台共同成长，共同进步，共建老城未来。

城市漫步公益讲堂

一句话介绍：　　**边行走边观察，探索城市微环境**

参 与 年 份：　　2017 年、2018 年、2019 年

团 队 介 绍：　　发起人史宁，借鉴美国以简·雅各布斯（Jane Jacobs）为代表的城市规划学家倡导的行走理念（Jane's Walk），以及日本学者藤森照信领衔的路上观察考现，结合文化地理学与历史地理学等理论方法，以户外行走为主要形式，定期组织成员参与城市行走。团队倡导用双脚丈量城市肌理，用心发现城市历史的渊源与时常被忽略的细节，探索城市微观环境，反思城市建设中的正反经验，关注城市发展的未来。活动注重观察、反思、分享与质疑，努力创设开放平等的学习型社群。参与者以家庭为单位，期待共同培养青少年儿童的参与感，感受大家生活所在城市的环境史。

微信公众号：　　宁听史话

活 动 介 绍：　　城市漫步公益讲堂依托"足尖上的北京"主题活动，几年来依次完成了"行走中轴线"和"行走玉河水系"两大活动。前者通过两年间 5 次活动，完成了对北京旧城中轴线主体部分的重新再发现。这 5 次活动分别行走了永定门段、天桥段、珠市口段、前门段和地安门—钟鼓楼段。除皇城部分之外几乎囊括了整个北京旧城中轴线。后者主要通过行走东皇城根遗址，探寻北京水系中重要的玉河中段的古今变迁，对城市的历史与当下进行了一次互鉴与对话。今后，"足尖上的北京"将继续深入城市肌理，去探寻被历史尘封的岁月闸门，重新发现北京之美。

心得分享：　　　很荣幸三年来一直能够在"四名汇智"的支持下开展我们的活动，
尽管活动次数不是非常多，但每次都能聚拢一大批热爱古城文化的
人参加，而且参与者在活动之后还能重新走一遍活动路线加深自己
的认识。希望未来有更多的人热爱北京，用自己的绵薄之力为古城
文化的传承添砖加瓦。

活动队伍在史宁的带领下行走在东皇城根街道上

队员在史宁的指导下观察途中的城市雕塑

活动队伍在北大红楼东侧的五四雕塑及民主广场前合影留念

云七书坊

一句话介绍:	**胡同里的面面观——从建筑、植物、园林到生活百态**
参 与 年 份:	2019 年
团 队 介 绍:	创始人纟七柒,个人自创的品牌,目前从事文创设计和出品、科普教育、书籍写作、自媒体等工作,曾设计制作多种文创产品,编著书籍《北京林业大学校园植物导览手册》,也开设公园、胡同、博物馆的多条科普活动路线。
微信公众号:	云七书坊
活动介绍:	2019 年团队开展了后海、杨梅竹斜街、法源寺、白塔寺、史家胡同 5 个片区的活动,2020 年继续开展天桥、三里河、东四胡同片区的活动,将胡同植物、建筑、园林、历史文化融合起来,综合调研和科普实践。2019 年从春到冬,团队设计了"法源寺·胡同植物家""史家胡同植物漫步""杨梅竹胡同面面观""后海胡同面面观""白塔寺胡同面面观" 5 条路线,共开设 27 场胡同导览活动,在年末举办了 3 场"胡同里的植物与园林"讲座沙龙,与专业人士探讨,与大众交流。活动面向不同年龄、不同行业的朋友,横跨庭院设计、建筑设计、信息设计、植物研究、历史研究、新闻传媒等专业,期待将"胡同里的植物与园林"作为开放的议题,引导更多朋友更好地了解胡同,为北京古城的遗产保护助力。

心得分享： 在北京古城的胡同里行走很多年，感受到了每一个胡同街区都有不同的性格，每一条胡同都有自己的特色。然而大家会集中去逛知名胡同，不知名的胡同人迹罕至。门楼的装饰、门前的树或者是居民们自己的布置，都会成为胡同里的特色景观，也是北京文化的一部分。所以我想带大家深入了解那些不知名的胡同们，发现那里有趣的细节。除了建筑与历史，我也将更多目光投向胡同里的植物与园林，因为很多植物漂亮又有历史，默默无闻但需要保护，很多园林景观有生活化的巧妙设计。在这两年间，我带领很多朋友深入胡同，观赏了很多有价值的地方。也希望更多目光投向不知名的胡同，挖掘它们的闪光点。

儿童宣教

北京市西城区人仁舍予传统文化传播中心

一句话介绍： **唱不完的童谣，画不尽的古都**

参 与 年 份： 2017 年、2018 年、2019 年

团 队 介 绍： 将艺术、文保、教育融为一体的民间自发团队，创始人纪红，主
要成员李旋、李司婧、马震宇等。团队致力于用艺术培养兴趣，
从不同兴趣点介绍文保知识，从文保知识的学习收集推广来培养
孩子们自主学习的习惯和能力。没有一朵花从一开始就是盛开的，
爱的教育提供土壤、阳光、雨露、有机肥，每朵花才会盛开。自
从加入"四名汇智"计划，团队不仅仅获得了更多的交流、学习、
探索和相互帮助的机会，更努力做着"输出"的工作，将自己能
够反馈给社会和公众的资源都一一奉献出去——这才是人仁舍予
的实践目标。

活 动 介 绍： **"童谣里的胡同"活动**
2017 年 5 月 30 日，团队在鲁迅博物馆开展了"童谣里的胡同"活动，
唱着传承百年的童谣，走进童谣里传唱的胡同，了解胡同里的历史
风貌。

"那些你不知道的文物建筑"活动
2019 年，团队在西城区范围内开展"那些你不知道的文物建筑"
活动，组织孩子们对西城的文保单位进行绘画，通过不定期画展、
图片和文字介绍，普及文保知识（截至活动开展时间，西城区有
368 处不可移动文物）。此外，团队开展"爱的教育"主题活动，
先后开设过名画临摹课、小玩家手工课、戏剧空间、鱼儿艺术时
间等培养兴趣的课程。

公众号交流

2020 年，受疫情影响，团队充分利用"人仁舍予"公众号为孩子开展丰富多彩的文化栏目：

周一"山海书斋"——儿童荐书频道。

周二"华夏百蕴谈"——才艺展示平台。

周三"嘟嘟小课堂"——小朋友开口说英文。

周四"科学与实践"——动手动脑探索世界。

周五"品味老舍"——用北京话解读老舍作品（语音版）。

周六和周日"鱼儿艺术时间"——由 13 岁的鱼儿小朋友在 2018 年成立的艺术史栏目。现状鱼儿已经建立了一个团队，邀请孩子通过绘画来学习艺术史。每个孩子的作品都会得到老师的点评并获得集中展示机会。

心得分享： 聚首四名，汇智助力；聚首名城、名业、名人、名景，汇集政府、高校、社团、个人之智慧，汇成名城保护之智慧洪流，如血脉流入到京城的大街小巷与胡同院落，滋润着京城的土地和人心。

"人仁舍予"作为洪流中的一滴水，一个弱小的文保组织得到"四名汇智"精心的培育。首先是理事单位筑合建筑设计为我们送来了幸运星鱼儿姐姐，开启了儿童文保的艺术课堂。紧接着顺益兴四合院机构给我们提供了难能可贵的工位和孩子们上课的场地。而宣房大德又给我们提供了展示的场地，孩子们在广德楼过了一个不寻常的儿童节。三个理事单位对我们的帮助，使得我们可以全方位地快速成长，也让孩子们从各个角度体会着京城企业对社会责任的担当。

作为"四名汇智"的受益者，人仁舍予唯有把文保宣传工作做到实处，让文保意识深入到每个人的血液里，才是对"四名汇智"的最好回报，也才称得上是"四名汇智"的一员。入"四名汇智"之时一年活动仅有十余场，第三年举办大小活动 70 场，受益人数逾千，然而这一切都离不开"四名汇智"的帮助和支持。今后我们的活动不仅要在量上取胜，还要在质上不断改进。让我们在"四名汇智"的引导和支持下共同为名城保护做贡献！

北京市海淀区八里庄小学

一句话介绍： **了解、保护我们的学校——摩诃庵**

参 与 年 份： 2019 年

团 队 介 绍： 音乐教师郑紫雯老师发起的小学生团队，主要成员为五年级 2 班的同学和班主任张莉老师。团队特邀故宫博物院高级工程师曹振伟老师、北京建筑大学设计院高级工程师熊炜老师、首都师范大学教育学院李雅婷老师组成专家团，从彩画、古建等方面开展适合小学生的讲座。

微信公众号： 繁花落清梵

活动介绍： **"揭秘大殿天花彩画"主题讲座**

2019 年 10 月 18 日，团队在摩诃庵大雄宝殿开办"揭秘大殿天花彩画"主题讲座，主讲人曹振伟老师带领五年级 2 班学生观察大雄宝殿殿内的天花彩画的纹饰，对照大殿天花上的彩画，亲手填涂颜色，绘制出摩诃庵的"秘密花园"。学生们体会到了明代官式彩画简单大方、不失精致的纹饰组合和以青绿为主的冷色基调，感受到沉静雅致的彩画之美。

"认识我们的学校"主题讲座

2019 年 11 月 4 日，团队在西跨院内五年级 2 班教室里进行了"认识我们的学校"主题讲座，主讲人熊炜老师向学生分享了摩诃庵的历史和古代建筑知识，并组织学生观测精美的上马石。通过聆听讲座，学生了解了摩诃庵的建筑结构与命名，学会测绘上马石 1∶20 的平面图并制作出精美的上马石模型。本活动激发了同学们空间想象能力、调动了运算求解能力，燃起他们审视古代建筑之美的热情。

"小庙里的吉祥画儿"主题讲座

2019 年 11 月 11 日，团队在海淀区八里庄小学校园内开展"小庙里的吉祥画儿"主题讲座，主讲人曹振伟老师为五年级 2 班学生介绍了彩画寓意和保护常识，并结合李雅婷老师为学生设计的活动，采用以小队为单位寻宝的形式走遍学校的每个角落，寻找、辨别新老彩画的类别和位置，并记录和分享自己的发现。在寻找彩画的过程中，学生们既复习了彩画知识，又增强了团队协作意识。

"摩诃庵文创上新所"成立仪式

2019 年 11 月 12 日，团队在摩诃庵西跨院内五年级 2 班教室举行了"摩诃庵文创上新所"成立仪式。同学们模仿《上新了，故宫》，自发创建"摩诃庵文创上新所"，依据讲座所学，结合摩诃庵特点，热情洋溢地为八小师生设计独具特色、方便实用的文创产品，例如冰箱贴、帆布包、明信片、茶杯垫等。文创设计正是动手能力、创造能力、审美能力等和热爱学校、热爱祖国优秀历史文化遗产的综合体现，德育和美育的完美结合。冰箱贴、帆布包等文创设计得到了学校领导的认可，并有望成为学校为学生颁发的奖品。

心得分享： 吴思翰同学说："在这个讲座里，我认识了我们学校的大殿。原来大殿特别古老，上面的彩画是明朝的。我想对老师说：'上了您的课我对设计方面特别感兴趣，我以后想当设计师'。"

程烁颖同学说："曹老师给我们讲了古代的天花彩画有什么讲究，比如外圆里方，外绿里蓝等。第二节课熊老师给我们讲了学校的历史、中轴线以及历史悠久、纹饰精美而不起眼的上马石。第三节课曹老师讲了学校一些古建筑上的彩画的寓意，让我们去寻找这些画。在老师们讲完这些课后，我更希望可以去故宫学习更多的知识。"

蔡亦瑶同学说："这个生动有趣的讲座让我学会了画天花彩画，懂得了古代关于上马石的历史。我还画出了属于自己的文创作品——祥云纹的小扇子！我真想对敬爱的老师们说：'真心谢谢您，教会了我这么多历史知识，让我对摩诃庵的了解从一无所知到若有所悟。'这次活动我收获很多，真希望下次能够学到更多知识！"

发起人郑紫雯老师说："我作为活动发起人，也有很多感触。一名人民教师，无论任教什么学科，最基本的责任都是'落实立德树人，发展素质教育，培养德智体美全面发展的社会主义建设者和接班人。'弘扬中华民族传统文化是学校德育工作的重要组成部分，基于我校得天独厚的古代建筑环境，美育自然蕴含其中。摩诃庵之于海淀区八里庄小学来说是鲜活、生动的育人基地。"

古建筑是文物中极其重要的组成部分,凝结着前人的智慧与血汗。"不仅反映了各时期建筑本身的技术与艺术水平，反映出科学技术、文化艺术各方面的成就,还反映出社会的政治经济情况。""保护文物、文化遗产和历史文化名城，已经成为中国的基本国策。"展望未来，海淀区八里庄小学的学生还可以在彩画修复、彩画保护、古建筑结构与构造、古建筑保护等方面努力开拓视野，通过文物和古代建筑，了解自己生活的城市，将自己的收获分享给身边的同学、亲人甚至所生活的街道、社区，成为一名优秀的名城保护小卫士。

感谢"四名汇智"计划、理事单位燕都中式和海淀区八里庄小学校领导的支持。感谢您保护了新一代青年教师的家国情怀，点燃了新一代少年儿童的中国梦！

儿童宣教

可可和她的小伙伴

一句话介绍： **小小文化传承人和她的"国宝文物"**

参与年份： 2019 年

团队介绍： 是由年仅七岁的陈可发起的一个"小"活动、"小"组织，旨在邀请对绘画、传统文化感兴趣的小朋友们，用幼稚的笔触描绘出孩子们眼中的"国保文物"（全国重点文物保护单位），画出一个"古老而奇异的世界"。"可可和她的小伙伴"可能是"四名汇智"团队中最"小"的团队：年龄小、规模小、影响力也小，但与其他组织不同，"可可和她的小伙伴"不求专业、不求精准，这个组织更加私人化，更像是一个播撒种子的过程，在小朋友的心中种下关于传统文化的种子，期待有朝一日可以开花结果。

作为一个传统文化的爱好团队，期待可可不是一个个例，希望有更多的可可出现，希望传统文化的种子可以种在更多的孩子的心中。

活动介绍： 2019 年，团队定期开展了国保写生活动；在公众号"豆苗彩虹"中开创"画国保"专栏；在童画秀秀 APP 上创办线上永久画展"国保之彩"。

2020 年，团队计划开展线下画展（在与专业美术馆洽谈中），并与人仁舍予传统文化传播中心合作，开设"走近西城会馆"专题活动。

人文故事

北京人文地理

一句话介绍：　**老北京人讲老北京故事**

参 与 年 份：　2017 年、2018 年、2019 年

团 队 介 绍：　由一群热爱北京文化的老北京人组成，发起人为孙天培，主要成员有石爱武等。大家了解北京故事，熟识北京古迹、历史知识，有浓厚的北京情怀。团队研究并展示北京历史地理民俗及发展，定期探访北京胡同。

活 动 介 绍：　北京出生地老故事：通过讲述出生地的故事来追忆老北京历史。

逛胡同：深度探寻古迹并访谈在历史街区中生活的居民。

驼铃欢行：依据北京童谣，拎着驼铃从模式口走到了白塔寺，与BTV《最北京》栏目合作拍摄上映。

爱北京之北京话

一 句 话 介 绍：	**京腔京韵话北京**
参 与 年 份：	2017 年、2018 年、2019 年
团 队 介 绍：	由老北京人柳宁发起的古都文化传承团队，主要成员有舒童、杭予晴等。自 2015 年成立以来，团队以北京话为载体，举办口述史、胡同串讲、室内讲座和室外拍摄等公益活动，普及北京话正确使用方法，宣传推广老北京话和相关文化，为繁荣北京地区的地域文化作出应有的贡献。
微 信 公 众 号：	爱北京之北京话
活 动 介 绍：	底蕴深厚的北京文化孕育了众多众口传唱的老北京童谣，这些童谣唱出了老北京过往的风土人情，也唱出了北京城的地名，而这些地名，现在还保留着。以"童谣里的胡同"活动为载体，团队在白塔寺等地开展探访活动，带领儿童了解老北京城的风貌、相关历史、方言。此外，团队邀请老舍研究会史宁老师举办"老舍与北京四合院"主题讲座，开展"呢喃母爱"主题母亲节文艺活动以及"老北京风情"系列讲座等活动。
心 得 分 享：	从 2015 年到今年（2020 年），我们"爱北京之北京话"走过了五年的历程，其中有挫折，有失败，有遗憾，但更多的是收获。收获了大家鼓励的掌声，收获了大家的赞美，也收获了更多的经验。在与"四名汇智"这个大家庭的合作中，我们更有期待，因为"四名汇智"就是把各个爱北京、守护北京的团队都汇聚在一起，让北京城变得更美好。或许有一天，老舍先生、梁实秋、郁达夫笔

中的北平重新回到人们的视野中，大家会更有兴趣与我们一起，说着北京话，唱着老北京童谣，一起寻找和发现北京的美丽与辉煌。

关于北京话

大多数人都认为只要把最后一个字加上儿话音那就是北京话了

西直门儿

朝阳门儿

但是北京的内城门
在说的时候是不带儿化音的

爱北京之北京话
手绘：北林"乡愁北京"实践团

社区服务

清华大学无障碍发展研究院

一句话介绍: **关心历史街区的每一个使用者**

参 与 年 份: 2018 年

团 队 介 绍: 在 2016 年 4 月 23 日清华大学 105 周年校庆之际，由中国残疾人联合会委托清华大学成立。获工信部、住建部、民政部、老龄委等国家部委大力支持。研究院由清华大学建筑学院发起，联合美术学院、计算机科学与技术系、机械工程系、社会科学学院等共建，依托于清华大学智库中心管理，定位于国家新型特色智库与交叉学科创新平台。

研究院特色在于"用户中心（User Centered）"的跨学科（Trans-Discipline）发展模式。用户指一切在行动、感知等方面存在不便的人群，包括残障人、老年人、儿童以及身体受伤者等各种群体。跨学科的研究问题，涉及公共政策、法律、设计、技术、产品、教育等方面，通过相关研究和成果转化，服务于未来巨大的社会发展需要，重新塑造和提升我们的生活环境与生存质量。

活 动 介 绍: **"轮椅上的乡愁"实践活动**
"轮椅上的乡愁"是清华大学无障碍发展研究院和北京林业大学园林学院"乡愁北京实践团"共同发起的系列活动，旨在让更广泛的公众理解无障碍环境建设的必要性，了解残障人士、老年人等对城市无障碍环境以及信息人文无障碍环境的需求。项目在"四名汇智"计划的大力支持下，通过实地勘察区域内无障碍环境现状、问卷调查、访谈、轮椅体验等方式，总结提出白塔寺历史街区无障碍环境建设的建议。"乡愁北京——轮椅上的乡愁"

实践团的成员们也进行了轮椅乘坐体验，从"使用者"的身份感受并考察区域内现有无障碍环境建设情况，并以未来规划设计行业从业者的身份对无障碍环境建设的必要性及需求加强了思考和理解。

北京国际设计周主题展览

2018 年北京国际设计周期间，"轮椅上的乡愁"系列活动作为"暖城行动 2018"主题中邻里共生的一部分，在白塔寺历史街区三条 18 号（H10）进行展示和宣传。展示内容为无障碍知识科普及调研成果总结。自 2018 年 9 月 29 日起，到 10 月 7 日结束，为期 9 天的展览吸引了数以千计的学者、游客与附近居民。展览通过展示和体验活动结合的形式将无障碍环境建设的理念传递给更多的人，不少参观者在展览结束后纷纷通过留言墙等形式表示自己对于无障碍环境的建设有了更深的理解，对团队的活动实践给予了高度的评价，希望团队能继续关注老城无障碍环境的发展，为推动惠及亿万人群公共服务政策的立项与实施注入新生力量。

社区服务

"LanTalk·北京"团队

一句话介绍: 北京历史街区社区培育实践

参 与 年 份: 2019 年

团 队 介 绍: LanTalk 是 LOCAL ACTOR NETWORK TALK 的缩写,即在地行
动者网络沙龙。团队联合发起成员有刘欣葵、孙瑜、梁肖月、
侯晓蕾、黄小娟,并设有顾问伙伴团及 YoungPower 服务队。
"LanTalk·北京"团队通过定期在北京有特色实践的街区举办
走访与沙龙,线上社群"北京社造吧"与线下系列活动的密切
互动,致力于打造北京及环京区域社区营造、社区治理与社区
公益领域的交流共享平台。团队相信"LanTalk·北京"落地生根、
开枝散叶的过程,也是一次对社区营造的内核——构建共同体
意识和自组织的深耕细作。

社区服务

牡丹协调服务

一句话介绍：　社区精神健康项目让阳光照进湛江老街的隐秘角落

参 与 年 份：　2018 年

团 队 介 绍：　来自广东省湛江市岭南师范大学社工系的学生，在学校领导和
老师的支持以及社会各界的帮助下，特别是在湛江附属医院社
工科、幸福义工、精神科医生林志雄老师和祖籍湛江的资深美
国社工督导李戈老师的大力推动下成立的一个社会工作实习和
服务小组。主要成员有柯晓媚、吴琪琪、嵇睿杰、苏淑然等十
几位社工系学生。

团队宗旨是在学生时代利用实习的机会对老街进行有目的的调
研，既在实践里检验课本上学到的知识，又在社区的活动中开展
"精神医护人员 + 社区康复小组 + 家庭成员"新型精神康复模式
的探索。团队力求通过免费的社区外展调研、家庭教育等活动和
项目，为社区服务的同时展现社工学生团队的专业风采。

微信公众号：　牡丹协调服务

活 动 介 绍：　老街调研：2018 年 9 月 28 日，团队成员深入湛江市赤坎区中山
街道进行老街调研，与老街的一些长住居民进行访谈，深入了解
社区的历史文化，收集社区资料。

长者故事集：2018 年 10 月至 11 月，团队成员进入社区与长住
在社区的长者访谈，向长者了解社区的发展情况，了解长者与其
自身的故事，收集好并整合。

在 2020 年疫情下，项目通过免费科技服务平台从精神健康知识普及、支持小组和紧急干预三方面为疫情下的社区居民提供精神健康服务。运用我们特有的远程服务技术，特别给偏远地区和社区孤寡老人提供服务，让人们更快更好地从疫情中恢复，积极投入工作和生活。项目的最终目标是：社区居民能够对自己的心理状况有正确的认识、了解寻求帮助的正确渠道、学会管理自己的精神健康。通过学习，社区居民可以将心理健康知识运用在生活和工作中，例如同精神疾病人员交谈、危机干预处理等，从而降低由精神疾病引起的突发事件风险，提升社区精神健康普及水平。

第五部分

名景
——探索名城胜景的更多维度

国家建筑师 cthuwork

一句话介绍： **在像素的世界复原一座北京城**

参 与 年 份： 2018 年、2019 年

团 队 介 绍： 基于世界知名电子游戏"我的世界"而成立的自发民间兴趣团队，创始人 rom、刀子，主要成员有凉（林衔峰）、nova（江佳聪）、叶子（叶尊华）、utea（黎杰）、喵奏（苏一峻）。成员们因为这款自由度特别高的游戏而在网络上自发集结，利用像素点制作了完整的紫禁城模型，吸引了众多观众、媒体和专业玩家的关注。大家因为同样的兴趣，在"国家建筑师"的号召下，一起加入到了各种建筑项目中。团队成员年龄在 15 岁到 30 岁之间，有的是初高中生，有的学医，有的是朝九晚五的上班族。他们之间很多人从未谋面，所在的地方也天南地北，甚至有人在海外生活。

团队如今成立已经 7 年，期间来来往往，人数保持在 250 人上下。国建团队一直在不断创新，既制作完全自创的中式建筑，也复原了不少中华传统建筑。在宣扬中华传统建筑与文化方面，团队一直在努力，不断制作出优秀的作品。团队成员现在所做的，不仅仅是在游戏中建造中国风建筑，更是在致力于让热爱电子游戏的年轻一代可以通过更加新颖有趣的方式，了解中国古代历史建筑，培育年轻的社会力量，助力历史名城的保护与文化的传承。团队在 b 站（Bilibili，哔哩哔哩）这一年轻潮流视频分享网站目前已经拥有超 60 万的粉丝，累计视频作品播放浏览量高达 2300+万次。

历史的传承早已不拘泥于现实生活中，我们希望有更多的年轻人可以用不同的方式，让中华传统文化可以更加多样性地被传承下来。

活 动 介 绍 :   **"紫禁城"**

2017 年 12 月 8 号，团队出品的三大殿 3D 打印模型在故宫博物院展出，成为当天百度热搜指数第一位。2020 年 4 月 3 日发布的《清明上河图》，单视频在 b 站收获了 350 万 + 的播放量，3 万条弹幕，获得 b 站日排行榜最高第三名。

"清明上河图"

《清明上河图》是中国十大传世名画之一，生动记录了中国北宋汴京的城市面貌和当时社会各阶层人民的生活状况。复原"清明上河图"是国建继"紫禁城""微缩清代北京城"项目后，秉持着在"我的世界"中弘扬中国传统文化与古建的一个新项目。团队复原的"清明上河图"并不是如画卷般一个维度的复原，而是在虚拟世界中将清明上河图以建筑 + 景色重现的三维形式复原出来，整部作品的搭建基于《清明上河图》原画，细致入微地还原了宋代汴京的城市面貌和人生百态，涵盖了酒店、茶馆、点心铺、城楼、河港、桥梁、货船、官府宅第、茅棚村舍等各式特色建筑。城邦之内人口稠密，商船云集，大大小小的集市车水马龙，百姓们有的桥边散步，有的吆喝叫卖，有的驱车赶集，而波光粼粼的汴河更是为画面增添了一抹富饶祥和之意。再加上后期暖黄色的色调渲染，相信一定可以让各位冒险家更加直观地感受到原画中别具一格的古色古香，体会出浓厚的历史韵味。

"微缩清代北京城"

紫禁城、天安门、朝阳门、景山、什刹海……这些现代人耳熟能详的地方，在清朝康乾盛世时期是什么样子的呢？作为一个具有高超动手能力的团队，为了最大限度地还原清代北京城，利用《乾隆京城全图》、民国时期资料、1959年卫星图、1966年卫星图、现代卫星图等各个时期的北京城资料，让成员建造的时候可以更好地确定每一个北京城建筑的位置与确保建造出来的准确性。最终历时20个月，32位成员，参考无数古籍与历史资料，在游戏中用100万个方块，把整个清代北京城复原了出来。

话剧演出

子夜戏剧

一句话介绍： **用话剧形式，演绎古建保护者初心**

参 与 年 份： 2017 年、2018 年、2019 年

团 队 介 绍： 来自北京建筑大学历史建筑保护工程以及建筑学专业的学生组成
团队，创始人为杨帆，主要成员为刘雨欣、崔颖奇、商瑶、隗晓暄等。
团队成员在校学习保护古城古建的理论和建筑知识，也希望用话
剧的方式讲述每一个建筑的故事，为古城古建保护贡献一分力量。

活 动 介 绍： 团队创作话剧《地标》，以历史建筑保护为主题，以一家四代人
的故事为线索，跨越 1960 年代至 1980 年代时间轴线，展示了
在时代背景的变迁下一家人与古建保护的渊源和情感。通过融入
快板等传统表演形式，话剧充满了强烈的历史再现感，洋溢着古
建保护者的真实情感。

摄影纪录

老马摄影工作室

一句话介绍: **洋"胡同串子"镜头中的胡同生活**

参 与 年 份: 2018 年、2019 年

团 队 介 绍: 团队由三名成员组成,一位是 50 后英国纪实摄影师 Matthew Kelly(老马),一位是热心公益的 90 后文字工作者,还有一位 70 后是老马的爱人,负责项目的策划和统筹。三个忘年之交对 发现和挖掘普通老百姓生活中的丰富世界与不凡有着相同的热 爱。用影像来记录老北京胡同里的人、物与事,同时探索胡同文 化复activity的新方式。老马摄影工作室以影像记录为主,深入胡同社 区和北京的大小公园拍摄老百姓生活的方方面面。目前有"胡同 生活"和"公园生活"两个系列。

微信公众号: peoplephotographer

官 网 网 址: www.peoplephotographer.org

活 动 介 绍: **2018 年"白塔下的日子"日历**
2018 年在"四名汇智"计划的资助下,在白塔寺会客厅刘伟厅长 的支持下开始进入白塔寺安平巷社区,采访、拍摄有特点的社区人 物,记录他们的故事和生活中的点滴,最后制作了以"白塔下的日 子"为主题的社区日历,通过 12 个社区人物介绍,打开一扇了解 白塔寺社区普通人家生活的窗子。

2019 年"白塔下的日子"社区摄影比赛

记录社区文化最好的方式还是通过居民自身的努力和关注，我们
希望能够帮助社区的居民强化这种记录的意识以及提高他们的
拍摄兴趣和能力。

居民梁叔梁婶

曾师傅时光照相馆

一句话介绍： **跨越时光的"婚纱照"，连接城市规划者与居民的心**

参与年份： 2019 年

团队介绍： 北京清华同衡规划设计院城市更新所与城市会客厅平台共同组成
的城市更新影像记录团队，主要负责人为曾庆超，主要团队成员
为彭轶楣、刘子威等。团队以城市研究结合艺术创新的方式，扎
根老城，关注民生生活和老城空间，关注历史文化，发现城市、
社会中存在的问题，探究城市更新方式。向生活学习，感受胡同
生活的点点滴滴，体验胡同里的浪漫与困扰。通过交流与影像资
料的收集，为更好改善提升区域生活品质打下基础。

微信公众号： 清华同衡城市更新所

活动介绍： 团队邀请胡同中的居民及曾经居住在此的居民，一同回味与感受
真实而有温度的胡同生活，用影像的方式展示胡同中人在城市更
新过程中的经历。例如，通过拍摄婚纱照，团队为居民们营造了
温暖的回忆，弥补他们未在青春年华留下一张婚纱照的缺憾，同
时回顾老夫妇跌宕又幸福的一生，反映城市更新进程中的家庭和
个人生活变化。通过公众活动，团队让"规划师"这一角色更加
深入居民的日常生活中，既让居民们逐渐了解规划师的职责，也
让越来越多规划师有机会从居民的切身角度去思考，希望带给居
民更好的生活环境。

1949-2019

大时代的
小幸福

主办

清华同衡
THUPDI
城市更新所

特约合作

城业
人景

北林"乡愁北京"实践团

一句话介绍：	**年轻学子老城寻梦，6 年 5 片历史街区的探访与感悟**
参 与 年 份：	2017 年、2018 年、2019 年
团 队 介 绍：	一个依托高校、自发成立、致力于发起和参与老城保护更新志愿活动的大学生团队，由北京林业大学园林学院热衷于城市更新与文化传承的年轻人组成，主要团队成员为来自城乡规划、风景园林等专业的学生许舒涵、李帅峥、刘瑾、郑巧依、陈鹤远、丁婉婷、李颖、廖丹妍等，指导教师为钱云。团队于 2014 年成立，至今已有 7 年实践经验。团队成员曾走进史家胡同、白塔寺、大栅栏、长辛店、烟袋斜街 5 个历史街区，挖掘城市背后的历史故事，记录当代老城的风物，参与居民的生活，感受他们的胡同记忆。基于充分的体验和对话，运用专业所学，借助 pspl、mapping、体验式调查等手段，团队尝试促进当代老城的"人"与"物"的独特"对话"，努力成为政府、规划师与居民、游客间沟通的桥梁，同时尝试开展"绿色微更新"等实践活动。
微信公众号：	园林乡愁实践团
活 动 介 绍：	**两万字的红色古镇口述史，用火红的心重温革命古镇长辛店的群众记忆** 2017 年，团队成员走进兼具历史文化价值与红色革命意义的古镇长辛店，汇聚群众的红色记忆与革命记忆，展望街区有机复兴。

关于"再生""复兴""延续"的展览，在大栅栏探索以人为本的胡同复兴

2017年，团队成员追寻大栅栏的漫漫文脉，讨论"再生""复兴"与"延续"。策划并开展了北京国际设计周"以人为本的胡同复兴"展览。

一套汇集名城专家与"草根"团队的系列访谈，探访名城保护的燎原之势

2018年以来，团队成员对多位草根团队、行业内先行者和名城保护专家进行访谈，对草根团队的老城保护更新工作进行总结报道，扩大其社会影响力，同时咨询专家对城市更新中"草根"力量的期待，探讨未来名城保护工作的发展路径。

采访马炳坚老师

一本汇聚11种画风的原创绘本，《四名汇智"有缘人"实录》绘本

2018年，团队成员对"四名汇智"计划十支代表团队深入发掘，探索其内生逻辑与发展情况，整理为《四名汇智"有缘人"实录》绘本。团队成员根据受访团队的特色制定了不同的画风，将创意十足的活动与实践转绘为图画，记录着名城保护中的老街坊、小朋友、年轻人……

《"四名"有缘人实录》绘本

一场始于 9 个节点的街区调查，用 pspl 调研法探知后海街区活力

团队成员从 5 类人群的视角出发，采用 pspl 调研法，结合人的活动行为特点，在整个街区选取 9 个典型节点，对基础设施分布及节点人流变化进行记录分析。找寻改善老城街道节点活力、提高公共环境质量的新方法。

一次始于 4 个小院的"绿色微更新"落地实践，2019 梦想花园计划

2019 年，团队成员以胡同自发性花园为起点，探讨北京老城绿色微更新模式，同时选取炭儿胡同 10 号、三井胡同 52 号、取灯胡同 19 号和笤帚胡同 19 号四个院落进行落地实践，经过与居民详尽的沟通后，在保护传统肌理基础上，激发街区活力，通过植物种植搭建桥梁，吸引社会关注和多方参与来推进区域的发展。

一场源于疫情的云调研，2020 云访城市的乡愁

2020 年，基于后疫情时代的背景，团队成员以北京传统街坊社区的社区公园为中心，对全国范围内 10 座城市的同类社区公园进行全面覆盖，通过宏观对比探究，了解到北京老城在改善公共环境方面存在的共性问题，同时结合老城居民对户外活动与植物养护等方面的需求，为后续活动的开展提供新思路、新方法。

心 得 分 享：　乡愁北京实践团通过在北京老城开展活动，结识了更多致力于老城保护与更新的人们，借助"四名汇智"的平台，一代又一代乡愁人薪火相传，点滴行动终将点亮老城更新的燎原之火！

取灯胡同 19 号院改造前后

学术研究

RLncut 研究站

一句话介绍：　**基于小气候环境的古城研究与艺术创作**

参 与 年 份：　2017 年

团 队 介 绍：　北方工业大学 RLncut 研究站（Region+Landscape NCUT Lab）
以区域、城市、文化、社会、气候、环境、交通、资源等综合视
角，关注多领域风景园林的延伸与整合。团队成员有杨鑫、张琦、
段佳佳、郦晓桐、黄玥怡、吴思琦、贺爽、耿超、卢薪升、姚彤、
王紫媛、刘蕊、苏美婷、高雯雯、刘静、李超、张琦、毕嘉思、
王玮等。

微信公众号：　RLncut 研究站

活 动 介 绍：　**ACTime 穿越古城**
2017 年 5 月 14 日，团队携手史家胡同博物馆联合举办"ACTime
穿越古城"名城知识互动跑活动，通过观看史家博物馆展览与 6
个有趣的小游戏，引导人们了解古城文化和胡同、古建知识。此
活动得到了北京市城市规划设计研究院、朝阳门社区文化生活馆
（27 院）、史家胡同文创社与朝阳街道社区的大力支持。

快问快答任务点

你画我猜任务点

疯狂找不同与 60 秒不 NG 任务点

发热的古城

2017 年北京国际设计周中，团队通过测量和模拟空气温度、相对湿度、风速和太阳辐射，对白塔寺 6 条胡同（苏罗卜胡同、庆丰胡同、大茶叶胡同、阜成门内北街、宫门口西岔和宫门口横胡同）进行小气候环境模拟试验，并举办什刹海"发热的古城·智慧小气候"环境优化装置导览暨研究成果展。

空气温度模拟
14:00~15:00

如图小气候环境模拟对比分析，宫门口西岔和庆丰胡同温度较高，阜成门内北街温度较低，其他胡同较为均衡。这可能是由于阜成门内北街绿化率较高，降低了胡同内的温度并缓解气温升高。

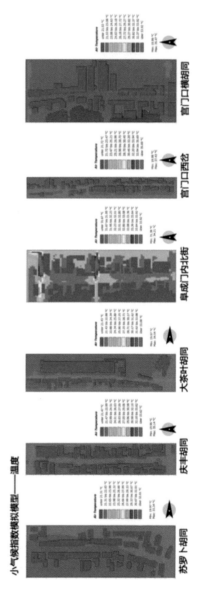

小气候指数模拟模型——温度

北京坊"云·石"——智慧化小气候环境优化景观装置互动展

2017年北京国际设计周中，团队举办了北京坊"云·石"——智慧化小气候环境优化景观装置互动展览。"云·石"源自于中国自然山水环境，通过露与藏、隐与现、转与折等空间意象，展现了中国传统自然观与山水观。这组互动小气候环境优化装置，将降温以及可视化的变温技术集成于公共服务设施并进行艺术化处理，给参与者带来独特的小气候互动体验与多样化的空间感受。针对公共空间的众多变化，采用多变组合方式，形成不同尺度空间，为使用者提供灵活的选择。"云·石"装置现在已获得了国家知识产权局外观专利与实用新型专利。

"古城意象"研究小组

一句话介绍：	以城市意象理论为指导研究和保护历史城市及传统聚落
参 与 年 份：	2017 年、2018 年、2019 年
团 队 介 绍：	由刘祎绯老师指导，以北京林业大学园林学院学生为主要成员的专业研究小组，成立于 2015 年 3 月。团队专注于将城市意象研究理论与方法应用于历史地段，结合跨学科的新兴技术方法，在北京老城等我国历史城市中实地应用，积极探索更重视以人为本和公众参与的历史城市保护与发展。团队成员有刘祎绯、牟婷婷、黄川壑、周娅茜、郭卓君、佟昕、崔嘉慧、傅玮、伍洋宇、薛博文、王思凡、赵倩羽、韦婷娜、李玥、林戈、梁静宜、郭晨曦、徐昂扬、黄守邦、黄子薇、南晶娜、陈睿琳、丁小玲、刘畅、骆言、高奇超、姜旭、吴佳馨、应钦霖、陆青梅、彭宇、于港、田园、何浩然、张雨晴、王靖文、李昊霖、向港、张耘滔、刘玲君、李沁宇、周泳旭、张宸、陈文婷、朱晓晨、李书畅、周海琴等。
微信公众号：	古城意象
活 动 介 绍：	"北京旧城历史地段意象调查""北京老城中轴线的眺望景观与意象""北京老城的水系与古桥""北京老城宣西 - 法源寺文化精华区历史空间研究"4 项研究连续获得北京市西城区历史文化名城保护促进中心"四名汇智"计划项目资助；开展"基于自发地理数据平台的搭建研究北京旧城城市意象"等 7 项大学生科学研究与创业行动计划项目；获得"北京高校青年教师社会调研优秀成果资助项目一等奖"等 6 项奖项；创立并主办 3 届北京国际设计周"城市·风景·遗产"北京老城历史空间研究论坛；独立主办或

参与"'寻找北京失落空间'之古代图文中的朝阳门内意象历史空间研究"等 10 项展览及活动;在《城市发展研究》《现代城市研究》《规划师》等优秀期刊发表《北京什刹海金丝套滨水空间的视觉感知意象研究与眺望景观优化策略》等 12 篇论文,并出版《北京老城的城市历史景观意象研究》等 2 本专著。

"古城绿意"研究小组

一句话介绍： **为老城添绿的学术研究与社区实践**

参 与 年 份： 2017 年、2018 年、2019 年

团 队 介 绍： 由刘祎绯老师和陈瑞丹老师指导，以北京林业大学园林学院学生为主要成员的专业研究小组，成立于 2016 年 3 月。团队专注于利用专业的植物学、景观学知识，探讨如何更加合理地为老城添绿，并在北京老城进行实践应用。团队成员有刘祎绯、陈瑞丹、杨笑莘、邓娇莺、李娈启、杨瀚菲、赵玉贤、胡佳艺、尹懿、李昊霖、张潇月、李沁宇、张宸、陈一宁、刘婷婷、汪琦、张撼之、王润涵、梁静宜、吴佳馨、冯子桐、崔钰晗、刘力、张程、罗昱、闫兴宝、彭博、刘影、张晓颖、游子怡、蔡奇峰等。

微信公众号： 古城绿意

活 动 介 绍： "古城绿意绘本之老北京的时光见证者""胡同植物配置实验""老城花园的有机更新与社区再造""老城胡同里的绿意感知"4 项研究连续获得"四名汇智"计划项目资助；开展"历史城市中绿道网络的构建策略研究"等 3 项大学生科学研究与创业行动计划项目；获得"北京市西城区街区、胡同公共空间创意设计方案征集暨概念大赛最佳创意概念奖"1 项奖励；独立主办或参与"'茶儿绿意'小微空间留白增绿成果展示""三庙小区社区花园设计与营造"等 10 项展览及活动；并在《中国园林》等优秀期刊发表《北京老城失落空间里的社区花园实践》等 2 篇论文。

古城绿意

胡同快闪

一句话介绍：	通过胡同快闪活动实践北京老城更新背景下的社区营造
参与年份：	2019 年
团队介绍：	来自北京林业大学园林学院的学生自发团队，创立成员为张宜佳、林晗芷、吕婉玥、师晓洁、方濒曦、邓佳楠等，指导教师为郭巍教授。团队基于对北京老城胡同的长期关注与研究，总结胡同街道空间改造更新经验，并开展胡同更新快闪体验活动。活动以团队设计的快闪装置为主体，囊括了"编织生活"胡同元素手作坊、"京味儿"胡同声音墙、"胡同灵感"胡同知识盲猜问答、"大风车吱呀吱扭扭的转"胡同风车、"未来家"我想对胡同说等多个板块的活动。
微信公众号：	胡同快闪实验室
活动介绍：	**大栅栏微更新手册** 基于长期的研究与实践，我们不仅从空间和工程两方面熟悉胡同

现状的特质，也在布展过程中了解到胡同公众参与的程度，并且想结合我们探索的具备前瞻性的策略，将三者纳入一个相对完整、系统与理想的框架。最重要的是，我们希望这个项目的成果是广大居民、政府和设计专业人士等多方广泛参与的结果，所以在项目的流程设置上，首先由设计师系统性地研究并整理胡同微更新的各种策略，通过胡同快闪活动的互动方式，收集各类人群的反馈意见，在此基础上进一步修改并深化方案，最后将我们的整个研究和实践过程装订成册，从而形成"大栅栏微更新手册"。

胡同快闪活动
团队通过在胡同街头以折叠可移动式装置为中心举行胡同快闪活动，可以适应胡同中多变的空间，也能够有更多的可能性去吸引那些原本没有特意要来参观的人们来参与我们的活动。通过5个版块，以实体模型、展览互动、多媒体播放等方式面向观众展示胡同传统—现代—未来的情景与空间，增进大众对胡同空间的认知、提高胡同生活美学、增加居民对规划设计的了解，以期推动共享共建的社区营造平台。

安定门快闪节
儿童节，在钟鼓楼北广场举办，和大朋友、小朋友一起欢度"六一"儿童节。

胡同微花园——胡同时光体验
初夏,在史家胡同博物馆院内举办活动,折叠时空让你与胡同相遇。

路上观察团

一句话介绍： **观察，我们在路上——对建成环境日常生活空间的调查与记录**

参 与 年 份： 2018 年、2019 年

团 队 介 绍： 由北京交通大学的 40 余名学生组成，指导老师为王鑫，主要成
员为邓可欣、游翊、伍泓杰、王子烨、孙钰洁、周盟珊、钱锦等。
团队秉承"在路上·微观察"的理念，走向户外、走向田野，用
双脚丈量空间。利用综合的方法，对城乡建成环境的特质和生活
状态进行再阐释，记录转角空间，感知生活魅力。

微信公众号： 路上观察团

活 动 介 绍： **城市观察**
团队开展了校园空间观察活动，在北京交通大学的校园中，任
意选择一条路径进行行走探访。探访内容包括井盖、建筑出入
口、门、窗、砌体材料、路灯等。活动践行"考现"的探访理念，
即从物件入手，学会推断，通过局部反推整体的历史演化。

截至 2020 年，团队已经组织砖塔胡同——红楼藏书楼参观、新
人茶话会、白塔寺社区探访、疫情期间系列推送等活动并举办多
场专题讲座，以 Wonderland、社区更新与城市文化传承、勒·柯
布西耶印度往事为主题进行交流。

乡村探访

团队对中国历史文化名村和中国传统村落丁村进行田野调查，制作完成村落数字博物馆（包括地空全景、村民访谈、宣传视频、村落文化日志册等），协助村民进行日常生活记忆的记录和梳理，并在新媒体平台传播推广。

专题展览

2018 年北京国际设计周白塔寺分会场"暖城行动"中，团队举办"奇观边·日常间：京城街角观察"主题展览。展览以日常生活作为切入点，以"路上观察"的方法作指导，选择妙应寺白塔、首都博物馆、CCTV 新址大楼、工人体育场等历史文化街区"奇观点"建筑，探知、记录、呈现街角社会生活空间，将"奇观"与"日常"并置呈现，展现出街角生活空间的张力。

团队参与"对话童年"史家胡同展览，通过对史家胡同的实地调研和资料分析，将 60 年前后的童年活动对照分析，呈现当代小学生日常上下学路上的情况，反映社会环境变化对青少年行为与成长的影响，并针对这一现状提出营造"儿童友好社区"的倡议。2019 年北京国际设计周白塔寺分会场中，团队举办"西直门以西·正式与非正式空间的路上观察"主题展览。展览立足西直门以西的时空变迁，关注日常生活中的正式与非正式空间，通过观

察记录空间混用或错用的现象，提炼自发性社区营造中所蕴含的更新和生产性理念。

2020 年在北京国际设计周白塔寺分会场"暖城行动"中，举办了"农育都市"的主题展览。展览以 2020 年新冠疫情爆发后，北京大部分蔬菜瓜果都来自外省，供应量和市场价格因疫情而受到一定程度影响，加上疫情期间市场上的蔬菜种类相应减少，而自家种菜的居民可以吃到新鲜而丰富的蔬菜为背景，让我们开始思考身边社区农园的存在意义，除了观赏和生活情趣，是否还有其他可能性，并对北京生产性景观的"历史—现在—未来"产生思考。此外路上观察团成员在疫情恢复后，对所在身边的社区农园进行了观察和记录，分析自发性的都市生产行为以及对增强空间韧性的作用。

参观的小学生们

每当周六周日，丁村便会迎来一批又一批的游客，有家长带着小孩，有学校集体组织参观，有襄汾县城的，还有外地游客。在丁村期间正值夏季，炎热并没阻挡游人的脚步，他们怀着对丁村的憧憬与好奇，抚摸丁村的每一片土地。

学术研究

慢行城市实践团

一句话介绍： 火车运来的记忆——北京火车站空间研究实践

参 与 年 份： 2019 年

团 队 介 绍： 来自北京林业大学园林学院，创始人为马春叶，主要成员为杨洋、
曹舒仪、杜依璨、徐铭嘉、赵梦童、叶楠、陈思诚、庄智宇、李照
阳、杨琳、季雅男、贾子函、魏红叶、姚珺芃等，指导教师为北京
林业大学城乡规划系于长明副教授。团队成员拥有建筑规划和景观
设计的知识背景，致力于城市空间品质提升规划研究与设计策略制
定。连续两年，团队成员结合两个国家级大学生创新创业训练项目，
重点调查研究火车站点与地铁换乘便捷度、站点周边步行友好性及
城市景观风貌，并进一步提出改造设计策略及相关技术导则。团队
成员希望通过建筑规划、城市历史、社会学等领域的调查方法进行
城市空间研究，让更多的居民、设计师、管理者、使用者等投入火
车站及其周边公共空间的更新提质过程中来。

活 动 介 绍： 2019 年，团队结合文献资料与大数据，实地调研北京的 8 个火
车站，对北京站、北京南站、北京西站、北京北站 4 个现有的火

车站进行研究分析。研究重点关注火车站点与地铁换乘便捷度、站点周边步行友好性及城市景观风貌，对不同火车站同一影响因子指标数据进行统计；收集火车站的老故事及老照片，了解铁路发展的历程及辉煌历史，并根据实践成果在北京设计周白塔寺分会场进行为期 10 天的宣传展览，增加公众参与，引起社会关注。

展览以"温暖车站，链接回家的路"为主题，将北京火车站站点及周边空间品质在安全舒适性、使用便利性、文化审美性三方面的调研成果进行展示，并播放团队调研过程纪录片，通过火车站历史图轴等分享人们关于北京火车站的记忆。

第六部分

"四名汇智"团队名录
2017—2020

2017 年支持团队名录（38 支）

团队名称	项目主题
"古城绿意" 研究小组	古城绿意绘本之老北京的时光见证者
清华同衡技术创新中心	基于城市数据网格计划的 O2O 公众参与系列活动
帝京筑彩画调研团队	西城区古建筑彩画调研
后地时代——古都遗商调研实践团	古都遗商——探寻旧城遗留的商业文化空间
MAU 研习室	探寻大栅栏地区建筑遗产的价值及其载体
北京林业大学大学生创新团队	当北京旧城遇上国际设计周
北林 "乡愁北京" 实践团大栅栏分队	大栅栏：以人为本的胡同复兴
宣南报业研究组	宣南旧事——重塑旧城文化
壹贰设计	掌上老城
北林 "三山五园" 研究团队	157 周年纪念：三山五园的乡愁记忆
北京人文地理	"乡愁北京" 您出生地的老故事
RLnut 研究站	Hot Ancient City 发烧的古城
大栅栏跨界中心	大栅栏手工艺者之家手作工作坊
北林 "乡愁北京" 实践团	旧城新生：青年力量的参与和创新
"古城意象" 研究小组	北京旧城历史地段城市意象调查
AR 酱	科技与文保——AR&VR 科普体验活动
PSPL 研习社	南锣鼓巷活力空间挖掘与品质调查
非遗青年	「四合院的雕刻时光」文化遗产教育公开课
京都印迹	探索京都文化深处，追随历史遗迹
蕑苇书坊	非物质文化遗产系列讲座三期 （老北京的纸、故宫武英殿雕版活字印刷） + 古纸或雕版印刷制作体验课一期 + 中华手工纸（古纸）展
城市运气设计工作室	摄影北京

团队名称	项目主题
刘丽丹	巴黎—北京：古城今声，旧城今生
正阳书局	「北京：历代都城的最后结晶」展览
C 太太的客厅（C 沙龙）	遗产保护与口述史系列讲座三期 + 遗产保护与社区参与沙龙一期
院内院外	国家大剧院西片微更新研究
历建空间	国家大剧院西片微更新研究
爱北京之北京话	（1）讲座"北京胡同烙记" （2）活动"童谣里的胡同" （3）戏剧"童谣北京"
剖面学社	"混沌与隔离"从青龙胡同看北京胡同更新的未来
城门砖	跨越百年的对话
长辛店研究小组	工厂与胡同：长辛店工人口述史及老物件展览计划
北京文化遗产保护中心	"文化遗产之我见"系列讲座 5 场
领域（Domain）	盗墓笔记本之京城古神兽
青蜜研行家	手绘老北京遗留古建
释觉工作室	巡城遇史
张传玖	走读北京国学行
知道青年学社	以树看城
中国青年规划师联盟	百万庄社区更新计划设想
足尖上的北京	城市漫步公益讲堂

2018 年支持团队名录（70 支）

团队名称	活动名称
北京科技大学万象非遗社会服务实践团	万般世象，勾勒人间四月。万种心象，牵引世代传承
北林园林"溯洄"护城河团队	北京护城河未来计划
清华大学无障碍发展研究院	轮椅游古城、轮椅访名人 探访、沙龙、论坛系列活动
群籍研习室	中轴线探访
辽宁省土木建筑学会历史建筑专业委员会	沈阳中山路历史文化街区文化资源保护促进推广计划
Bowtie History	Reimagining the Opium Wars - an audio and visual adventure to Donggaun to explore the hidden stories of the Opium Wars
北林"三山五园"研究团队	从西城到海淀——"三山五园"寻踪记
北林筑居团队	"行为 Mapping"视角下的历史街区更新
聚点读书汇	名城保护专著分享
齐吾岗巴研究社	藏传佛教与北京——寻访 20 座北京藏传佛教寺庙
葭苇书坊	"古都天文"系列课程活动
走读北京	走读北京
城市漫步公益讲堂	足迹上的北京
MAU 研习室 / 遗介	"小盆友们的四合院" / 亮·家底儿
子夜戏剧	一个人，一个家，一个院落，一段故事
路上观察小组	回归日常：京城街角生活空间探访
北京地方建筑史主题小组	北京地方建筑史：首善之区的演进历程
国家建筑师 cthuwork 团队	迷你古代北京城
牡丹协调服务	创造和保育老街生活中的传统文化

团队名称	活动名称
"古城绿意"研究小组 / "古城意象"研究小组	古城绿意之胡同植物配置实验 / 北京老城中轴线的眺望景观与意象
淡欣（个人）	北京胡同的 1995-2005-2015 图片宣传活动
北京市乐学家庭启智教育中心	《隐秘在京城胡同中的古建与往事》
ICM 建筑实践	西城白塔寺历史文化保护区公厕改造探索之社区赠予
北京市西城区人仁舍予传统文化传播中心	最美西城画展。以名称保护为核心，开展征集中小学生画西城区古建筑的专题画展，旨在通过本活动建立名城保护意识
爱北京之北京话	影像中的北京之玩转北京话
北京童谣 LIVE	守护北京人的集体记忆——北京童谣的趣味再现
帝京彩画调研团队	帝京古建筑彩画调研团队
甘欣悦	2010 年以后，北京旧城城市更新政策，机制，规划应对及空间结果
老马摄影工作室	胡同美食家
豳风堂茶舍	豳风堂中华国饮文化
Maplayer 古迹地图	基于 Maplayer 古迹地图的古迹探访
北京林业大学"后地时代"团队	京韵商街 / 南锣鼓巷团队——南锣鼓巷十年变迁摄影展
互帮互助学习小组	西直门箭楼营造研究
北林"乡愁北京"实践团	智力众筹，星火燎原——北京老城中的民间力量探访
木石谣 / Art+	木石谣神游故城计划 / 名胜古迹中的传统文化教育
黑板擦行动	黑板擦行动 #1 块钱城市生存 @ 认识一座城 #
北京城市象限科技有限公司	融合本地生活场景营造文化遗产活力——金中都遗址公园的市民使用情况分析
北京宣房大德置业投资有限公司	宣南曲话 BIM - 胡同 - 社区
北京广德楼文化发展有限责任公司	传统曲艺研究 戏曲曲艺服饰研究及应用 传统文化体验

团队名称	活动名称
北京宣房大德置业投资有限公司 中共北京市西城区牛街街道法源寺社区委员会	胡同摄影
北京宣房大德置业投资有限公司	老字号
清源文化遗产	京张铁路清华园站保护沙龙
四合院设计建造专业委员会	四合院知识讲座
天恒茶文化发展有限公司	茶文化活动
XIE LI	Temple Fair，Rewind Prequell: Documentary Making
Enbeijing	Chinese Culture and Heritage Seminar
北京穿越指南	北京穿越指南
北京正阳书局有限公司	重识北京四九城
北京墨盐文化传媒有限公司	大记者带小记者名城探索
妇联巧娘 - 于茜	老北京文化传承工艺课
"安心"社区	"安心"进社区—以人文为本，让生活更美满
北京卡片 Beijing Postcards	A Handdrawn Map of Dashilan
城门砖	北京城墙的前世今生
一九四二（四九·壹贰·领域）/ 不悦文化	墨宝寻城·活着的老北京
胡同后继 Hutong Generations	Record interviews with craftsmen and artisans. Document working process and specific projects
艺勇军团队	北京地理色彩研究之老城历史文化街区色彩研究
北京文物报	元大都达人游览活动
城社	朝阳门历史空间记忆项目
壹贰设计	掌上西城 2.0
北京市东城区仁合公益与法律研究中心	小小京城文化家
不悦文化	寻城觅味
中国青年规划师联盟	爱上百万庄志愿者小组活动
院内院外践行团	胡同表情 / 北京四合院传统工艺和构造系列讲座
京畿彩画调研	京畿地区彩画调研；官式建筑彩画讲座；建筑彩画手绘讲堂
北京人文地理	乡愁北京——北京出生地的老故事 / "匠人匠心"——匠人的生活与精神世界

团队名称	活动名称
知道青年	北京 20 世纪"苏式建筑"遗产研究（此处指 20 世纪由苏联专家负责设计施工的"新中国建筑"以及受苏联风格影响下的相关建筑）
北二外北京名街区研究保护小组	遗产保护背景下以北京著名街区为例对文明旅游的深度探究与宣传

2019年支持团队名录（81支）

团队名称	活动名称
云造建筑工作室	共赢的共生，调研共生院
互帮互助学习小组	箭楼营造 2.0
建筑非遗入社区	建筑文化沙龙 非物质文化展览 彩画绘制 非物质文化宣讲 采访传统手工艺人
云七书坊	胡同里的植物与园林
葭苇书坊	城记：老北京的地图和影像
段牛斗	北京房修二公司古建匠师口述史
后地时空	老城·共·新
壹贰设计	围绕旧城历史与记忆开展相关文创产品制作
《人类居住》杂志编辑部	人类居住—名城保护在行动
北京人文地理	北京出生地老故事。讲述在北京出生，对于出生地的记忆
帝京彩画调研团队	恭王府、故宫、东岳庙、智化寺、法海寺、慈善寺、地安门火神庙彩画讲解
绘知堂	（1）2019北京国际设计周的社会展览，白塔寺展区 （2）北京四中"景观设计与园艺实践"选修课，进行景观与城市科普教育 （3）绘知堂 x 山原猫，建筑与城市主题教学课 （4）绘知堂 x 小皮特艺术中心，建筑与城市主题教学课 （5）天津五大道 & 北京历史建筑游学考察
活范儿实践团	走，进院儿去——北京老城胡同活力唤醒
旧时光手工坊	传统节日里民间手工技艺体验
"古城绿意"研究小组	老城花园的有机更新与社区再造

团队名称	活动名称
"古城意象"研究小组	北京老城的水系与古桥
ICM 建筑实践	以公厕为载体的四合院片区公共服务设施补充
北林"三山五园"研究团队	又见畅春：唤醒城市中 300 年的名园记忆
北京市海淀区八里庄小学	（1）摩诃庵历史讲座 （2）摩诃庵大木调研及讲座 （3）摩诃庵彩画调研及讲座 （4）摩诃庵 32 体金刚经调研及讲座 （5）慈寿寺永安万寿塔调研及讲座 （6）摩诃庵文创设计征集及制作 （7）摩诃庵历史文化研究成果展 （8）摩诃庵建筑修缮
北京市西城区人仁舍予文化传播中心	"最美西城"画展 童谣里的胡同
绿都北京营造社	梦想胡同里外计划——北京老城绿色微更新探索
国家建筑师 cthuwork 团队	北京故宫历史文化宣传
旧京图说	旧京图说读者群讲座
领域	北京爱情地图——寻找 100 个发生在旧城里的爱情故事
路上观察团	西外地区的空间演化
齐吾岗巴研究社	北京新型公共空间案例研究
扫听小分队	"您好，我住在这里"口述史故事集
宣南记忆——精品牛街团队	宣南饮食文化、茶文化、武术、书法等技艺传承与发展
艺亿家	老文化新手艺传承培训与分享
艺勇军团队	基于大数据平台的展示创新研究与应用
走读北京	走读北京
轨道记忆	纪念京张铁路通车 110 周年
北京林业大学筑居团队	文化地理学景观视角，看历史商业评价新体系
北京市乐学家庭启智教育中心	传统文化对中轴线、古建及四合院设计的影响讲座
胡同快闪	（1）茶儿胡同 12 号北京历史街区绿色微更新交流论坛 （2）安定门胡同快闪活动 （3）大栅栏胡同快闪活动 （4）史家胡同博物馆快闪活动

团队名称	活动名称
子夜戏剧	纪录片拍摄：名城保护行动者纪录片
北林"乡愁北京"实践团	"轮椅上的乡愁"系列活动
MAU 研习室	探索宣南传统建筑的多元化空间
北京第二外国语学院遗产保护研究小组	走街串巷看老城 研究保护新思路
北京工业大学建筑与城市规划学院"方舟"小组	北京制造（Made in Beijing）
北京环境科学学会	京华水韵——玉泉水系科考实践活动
"LanTalk·北京"团队	北京社造 LANTALK
北京市西城区古琴学会（筹）	广陵古琴雅集暨梅日强大师诞辰九十周年纪念会
北京市西城区群学社区服务中心	大栅栏街道社区营造微公益创投项目
北京童谣 LIVE	构建北京童谣数字记忆
北京正明圣达老北京叫卖艺术团	老北京非遗叫卖讲座及老北京叫卖非遗专场演出
曾师傅时光照相馆	胡同里的时光故事
大地风景文化遗产保护发展有限公司	百花深处·拾——社区故事馆
大栅栏吃喝玩乐学	大学生话剧进社区
街道小纵队	街道小纵队与前三门大街
可可和她的小伙伴	可可和她的小伙伴画西城国保
老马摄影工作室	《白塔下的日子》系列明信片
清华同衡城市更新设计研究所	打卡时光
清控遗产城市复兴与社区发展联盟	白纸坊的老年社区和菜西社区培育
融予共生	探索西交民巷的历史变迁
四九文创	跟"墨宝"看北京
慢行城市	见证与冀望——未来北京站城空间优化研究
延寿单弦队	单弦演唱活动
遗介	神奇遗产在哪里
游园绘梦	游园绘梦之长春园科普绘本创作
悦读快车	老北京主题青少年流动图书馆进社区
中国城市规划设计研究院	趣看北京老城"数字孪生"
飚风雅集工作组	京城历史建筑文化雅集、沙龙讲座活动及文创产品设计
历史文化名城法律保护学术小组	历史文化名城整体性保护的法治路径研讨交流活动

团队名称	活动名称
罗云天	"穿越盛京秘境"沈阳地域文化推广活动
猫城记	猫城记
刘明谦	社区居民对于北京东四历史文化街区历史保护相关政策和实践的感知
明知学社	2019 明知学社读书会
亿法易学	传统古建筑布局中的风水考虑以及新时代下改造的重点
爱北京之北京话	"五四"爱国特别活动——重回 1919
城市漫步公益讲堂	足尖上的北京
中恒古建筑中式小组	古建新材料应用
北规院社造团	"对话童年"儿童友好社区主题展
清源文化遗产	中轴线公众认知
北京广德楼文化发展有限责任公司	指尖上的艺术·古筝 广德楼的前世今生·话剧 帐中一点灯·皮影
北京金御房地产开发有限公司	国家大剧院西侧项目成果展示及区域历史文化展
北京天叶信恒房地产开发有限公司	2019 非遗文化节 2019 国际设计周分会场
北京宣房大德置业投资有限公司	那些你不知道的文物建筑·儿童文保画展 法源寺历史文化街区·特色党建 法源寺街区小吃·手作 共建美好家园·种植活动
德国 ISA 意厦国际设计集团	共享街区与共生院落在北京旧城区改造中的应用 北京高校传统四合院"共生院落"设计竞赛
荣邦瑞明综研院	历史文化街区散步道 社会资本参与旧城保护

2020年支持团队名录（60支）

团队名称	项目名称
走读北京	走读北京
四九文创	墨宝逛吃逛
北京市乐学家庭启智教育中心	中轴线沿线及周边片区探访与讲座分享
北京正明圣达老北京叫卖艺术团	非遗进社区演出及讲座
团团有话谈	探访京城
艺亿家	艺亿家老手艺新传承项目
话说北京	"博物馆"专题系列短视频创作项目
北京武协民族武术专业委员会	牛街白猿通背拳
北京品畅文汇教育科技有限公司	绘本阅读传承北京西城建筑文化
大明之礼	基于gis礼制视野下明代城镇结构形态
品行乐学（北京）文化交流有限公司	小小传承人
罗云天	沈阳盛京皇城历史文化街区文化资源保护推广计划
路上观察团	走进生活：我家的社区农园
"可"画国保	可可和小伙伴画国保
壹贰设计	与"北小辰"一起感受别样的老北京文化
"古城意象"研究小组	北京老城宣西—法源寺文化精华区历史空间研究
刘娟	"方寸北京"绘画作品展览
子夜戏剧	（1）古建版生僻字歌曲制作 （2）护国寺建筑群复原设计
北京市西城区益陶然社区发展研究中心、北京上方行书画院	陶然雅集公益琴课
扫听小分队	360°漫游胡同
北林"三山五园"研究团队	纪念三山五园被毁160周年论坛暨团队成立5周年成果展

团队名称	项目名称
遗介	"河"以永定
大栅栏街道单弦队	传承非物质文化遗产青少年讲座
露天博物馆	《看不见的北京中轴线》音频，展览，沙龙，城市探索活动
城南非遗艺文社	（1）小吃与传统文艺结合的文旅活动 （2）医武养生知识讲座及健康分享沙龙（线上、线下） （3）城南非遗文化城市行走探寻 （4）老城非遗文化展览（线上、线下）
北京市西城区人仁舍予文化传播中心	鱼儿的艺术时间
"古城绿意"研究小组	老城胡同里的绿意感知
旧时光手工坊	重拾旧日的美好 追寻旧时光里的民间手工艺
四熹文传	书法宣传；产品包装设计体验；线上书法体验课
城市野生动物	前门外四大商业街的前世今生
城迹 2.0	古都巡礼｜基于古都北京礼制空间与历史节事的调查研究
北京历史影像	对城市肌理变化较大的区域／街道调研展览
文化之路团队	国家文化公园北京段的价值与评价分析
京韵四合（北京）民宿旅游开发有限公司	《邻里·生活》论坛、探讨、体验
新街口街道责任规划师清华同衡团队	画家纳墨画胡同：根据居民口述史绘制白塔寺宫门口东西岔街道全景长卷
城市漫步公益讲堂	足尖上的北京
宣南记忆——精品牛街团队	（1）宫廷 FUN 北京 WAY 传统小吃体验做 （2）老城名人口述史
PandaTheDragon	前门胡同解谜实景游戏
深圳蛇口发展史调研小组	深圳市蛇口区历史变迁调研
合艺术	北京兔爷儿民间彩塑新文创研发
英国谢菲尔德大学建筑学院城市更新课题组	基于胡同微更新的韧性社区理论与实践研究——"韧性"社区，"任"你定义
国家建筑师 Cthuwork	"重启"线上视频
北二外遗产文旅研究小组	文旅融合背景下的历史街区文化传播途径创新实践与反思——以北京大栅栏为例
北林"乡愁北京"实践团	云访城市的乡愁

团队名称	项目名称
云七书坊	胡同里的植物与园林
轨道记忆工作室	寻访北京的火车站——轨道交通与北京城市建设发展的关系
帝京彩画调研团队	1. 微信群内讲解彩画知识 2. 中轴线彩画等实地讲解 3. 小学生文化传统系列讲座
MAU 研习室	被遗忘的城市巨人——北京的"社会主义大楼"
北京市海淀区八里庄小学	Let's explore，八小！
风物研究所	穿越·百年大栅栏
华强北研究小组	社会空间视角下快速发展地区的城市产业转型与空间演变研究——以华强北片区为例
后地时空团队	后地时空——艺话老城展
大栅栏吃喝玩乐学	基于团体动力的青少年社区营造素养养成实验项目
中央美术学院建筑学院十七工成员欣欣苏苏	绘造史家胡同之梦
齐吾岗巴研究社	社会资本参与老城更新改造
深大建规深圳城市史研究小组	海洋文化背景下的深圳沙井地方传统产业遗产保护研究
北京人文地理	出生地的故事，宣南故事，人文夜话
清源文化遗产	1. 北京市西城区名城保护微视频 2. 法源百纳
北京宣房大德置业投资有限公司	1. 一起来种植吧—烂缦花开 2. 法源百纳 3. 历史街区更新实践经验分享座谈会
德国 ISA 意厦国际设计集团	"四名汇智"理事单位历史街区更新实践经验分享座谈会

第七部分

"四名汇智"理事单位

GOVERNING UNIT

北京市西城区历史文化名城保护委员会办公室

2011 年成立，为北京市西城区历史文化名城保护委员会下设办公室，设在北京市规划和自然资源委西城分局，具体负责统筹协调西城区历史文化名城保护相关工作，落实北京历史文化名城保护委员会交办的任务。

北京市西城区历史文化名城保护促进中心

2012 年成立，为北京市规划和自然资源委西城分局下属单位，是北京市第一家专门服务历史文化名城保护的事业单位，负责协助北京市历史文化名城保护委员会办公室开展工作，落实协调名城保护相关具体任务，负责收集、整理、宣传西城区名城保护案例成果，组织实施与名城保护相关的公众参与，联系和服务区名城委专家等。

微信公众号：西城名城保护

北京大栅栏琉璃厂建设指挥部

加入年份：2017 年

单位介绍：北京大栅栏琉璃厂建设指挥部于 2012 年组建，主要职能是统筹协调推进大栅栏、琉璃厂历史文化保护区规划、建设、管理、发展工作。2017 年 12 月，区委区政府联合印发《西城区关于进一步加强指挥部建设的指导意见》的通知（京西办发 [2017] 39 号），将大栅栏琉璃厂建设指挥部管理范围进行重新划定为大栅栏、椿树、广内和牛街四个街道，职能调整为统筹协调四个街道的街区整理、重大任务和重大项目实施、疏解整治、环境提升工作。

邮箱：dslzhb@bjxch.gov.cn

北京天桥演艺区建设指挥部

加入年份：2017 年

单位介绍：北京天桥演艺区建设指挥部是负责统筹协调推进天桥、陶然亭、白纸坊地区街区更新工作的常设临时性机构，接受区委城工委的领导和城工委办公室的业务指导，具体主要围绕落实总规和控规，制定区域街区更新工作计划，统筹街区更新项目实施和中轴线申遗项目工作，组织项目申报，指导责任规划师团队以及参与城市体检和评估等。

北京什刹海阜景街建设指挥部

加入年份：2017 年

单位介绍：北京什刹海阜景街建设指挥部正式组建于 2012 年 3 月，通过深入学习贯彻习近平总书记系列讲话特别是对北京重要讲话精神和中央、市委决策部署，紧扣新时期首都城市战略定位，充分发挥统筹、协调、组织、指导、推进的职能，深入挖掘什刹海、阜景街区域的历史底蕴，探索历史文化名城保护区内的城市规划、建设、管理运营模式，以历史文化名城建设、什刹海环湖环境治理、重点项目落地、人口疏解、民生改善、区域产业业态提升等重点工作为突破口，有序推进疏解非首都功能，优化提升首都核心功能，以"安全、安静、古朴、舒适、典雅"为区域保护发展的标准，完成好区域内各项建设任务。

和谐宜居示范区建设指挥部

加入年份：2019 年

单位介绍：根据中共北京市西城区委办公室、北京市西城区人民政府办公室（京西办发[2017] 3 号）文件成立北京市西城区和谐宜居示范区建设指挥部。职责为统筹"三金海"和谐宜居示范区建设的相关工作，协调推进和谐宜居示范区项目建设及搬迁等工作。制定"三金海"地区和谐宜居示范区规划实施方案。统筹"三金海"整治提升专项工作，制定依法整治规范的工作目标；配合相关部门和属地街道做好"七小"、"地下空间"等环境整治和疏解提升工作。

邮箱：jrjzhb@bjxch.gov.cn

北京市城市规划设计研究院

加入年份：2017 年

单位介绍：北京市城市规划设计研究院是具有甲级规划设计资质的智库型事业单位，主要职能是为首都城市规划建设宏观决策及各项建设提供智力和技术服务。成立 30 多年来，紧密围绕首都城市发展建设的中心任务和重点，开展和完成了：北京城市总体规划（党中央、国务院批复）、城市副中心控制性详细规划（党中央、国务院批复），首都功能核心区控制性详细规划（党中央、国务院批复）等多层次、多专业的规划编制和规划设计工作。完成了北京市城市交通综合体系规划、北京市能源发展战略研究、大数据在城市规划中的应用研究等一批重大科研项目。有百余项规划设计和研究成果获得国家级、省部级奖。

微信公众号：cityif　　官网：www.bjghy.com

北京市建筑设计研究院有限公司

加入年份：2017 年

单位介绍：北京市建筑设计研究院有限公司（简称 BIAD），是与中华人民共和国同龄的大型国有建筑设计咨询机构。业务范围包括：城市规划、产业策划、大型公共建筑设计、民用建筑设计、室内装饰设计、园林景观设计、建筑智能化系统工程设计、工程概预算编制、工程监理、工程总承包等领域。

BIAD 自成立以来的 71 年中，始终致力于向社会提供高品质的设计服务，在行业中享有极高声誉。BIAD 以"建设中国建筑领域最具价值的品牌企业"为愿景，秉承"建筑服务社会，设计创造价值"的价值观，以"开放、合作、创新、共赢"为经营宗旨，以创新为驱动，以用户需求为导向，通过科学的管理、优化的设计、卓越的质量、协同和集成的方法，为顾客提供一体化的设计咨询服务。

官网：www.biad.com.cn

北京筑合建筑设计有限责任公司

加入年份：2017 年

单位介绍：由著名建筑师林楠和王葵创建于 1997 年。筑合建筑始终专注于中国传统建筑的活化与更新设计，通过专业化、精细化的创作设计，推动中国传统建筑在当代的传承与发展。两位主创建筑师以"将历史带进未来"为宗旨，提出传统要素与现代功能互动与共生的理论，在历史建筑保护和现代建筑设计领域同步发展，积累了大量有影响力的作品。

微信公众号：筑合建筑　　官网：www.bjzhuhe.com

北规院弘都规划建筑设计研究院有限公司

加入年份：2017 年

单位介绍：北规院弘都规划建筑设计研究院有限公司拥有国家建筑工程甲级和城乡规划编制甲级资质；秉承"城市建筑观"，从宏观规划、城市设计着眼，单体建筑设计着手，紧紧把握人与建筑、建筑与城市的和谐关系，积极参与城市规划和建筑设计事业，业务范围遍及城市总体规划、详细规划、建筑设计、景观设计等多个领域。

官网：www.homedale.cn

北京市住宅建筑设计研究院有限公司

加入年份：2017 年

单位介绍：北京市住宅建筑设计研究院有限公司是北京住总集团旗下唯一一家甲级设计与科研机构，自成立以来，完成设计项目近 1500 项，建筑面积 4000 多万平方米，规划设计面积逾 2000 公顷。提供从前期策划、规划设计、建筑设计、项目管理到运维管理的全过程设计服务及全过程咨询服务（含造价、被动房、LEED、结构优化及装配式咨询）。

微信公众号：北京住宅院　　官网：www.brdr.com.cn

北京华融金盈投资发展有限公司

加入年份：2017 年

单位介绍：北京华融金盈投资发展有限公司是金融街集团所属政府任务板块内承接西城区范围内白塔寺历史文化风貌保护区改造建设任务的子公司。为降低白塔寺老城人口密度、改善民生、恢复风貌、提升环境，金盈公司提出"白塔寺再生计划"，运用微循环及有机更新的模式，按照首都功能定位，通过新模式制定出区域整体复兴的实施路径。

微信公众号：白塔寺再生计划（baitasiproject）

官网：www.btsremade.com

北京天恒正宇投资发展有限公司

加入年份：2017 年

单位介绍：北京天恒正宇投资发展有限公司作为区委区政府、什刹海阜景街建设指挥部的前端公司于 2012 年 1 月 20 日正式成立。以保护和恢复古都风貌，传承历史文化底蕴为目标，采用保护性修缮恢复了传统建筑风貌，完善便民设施提升了社区居民的生活品质，植入文化民宿业态实现了"院落共生"。我们不断探寻和展示老院子的文化脉络与情感记忆，让更多的人再次找寻到了老城区里曾有的浓浓的北京味、胡同情。

微信公众号：遇见什刹海　　官网：www.tianheng.com.cn

北京大栅栏投资有限责任公司

加入年份：2017 年

单位介绍：北京大栅栏投资有限责任公司成立于 2003 年，为北京广安控股集团的全资子公司，代表政府负责大栅栏历史文化保护区改造建设，包括市政基础设施和非盈利项目的投资建设。公司在大栅栏地区发展研究、规划编制、政策申请、改造建设实施、城市有机更新等方面取得了阶段性进展，在 2010 年启动了杨梅竹保护修缮项目，首创性地提出了城市有机更新、软性生长的模式，引领跨界复兴与公众参与活化老街区的先锋示范。

微信公众号：大栅栏　　官网：www.dashilar.org.cn

北京天桥衡融投资有限公司

加入年份：2017 年

单位介绍：天桥集团是西城区国有独资文化企业，致力于天桥演艺区发展建设、文化空间运营、文化产业投资服务及文化品牌打造传播，实现天桥地区文化产业发展及存量资源更新利用。名城保护方面，通过人口疏解及房屋腾退、环境美化与民生改善、文化传承与发展创新、业态更新与产业提升，致力于成为区域发展的城市更新运营商。

微信公众号：天桥演艺　　官网：www.bjtqss.com

北京顺益兴联行房地产经纪有限公司

加入年份：2017 年

单位介绍：秉持"保护古都、传承文化、以和为贵、共建共享"的经营理念，北京顺益兴四合院综合服务机构于 2003 年应运而生。我们以客户需求为导向，以客户体验满意度为目标，通过院落问题咨询、设计开发、代建运营、租赁买卖、权证办理、物业管理、投融资服务等各类专项业务，让客户真正体验到全程无忧的四合院综合服务。

微信公众号：顺益兴四合院综合服务机构

官网：www.siheyuan.cc

北京市规划展览馆

加入年份：2018 年

单位介绍：北京市规划展览馆隶属于北京市规划和自然资源委员会，于 2004 年正式对外开放，展馆位于天安门广场东南侧，建筑面积 16000 平方米，展示面积 8000 平方米，通过先进的科技手段、丰富多彩的展示内容、生动有趣的表现形式详尽介绍了北京这座不朽之城悠久的发展历史和当代城市规划建设的全景风貌，展示了北京城市发展的灿烂明天。

微信公众号：北京市规划展览馆　　官网：www.bjghzl.com.cn

北京宣房大德置业投资有限公司

加入年份：2018 年

单位介绍：北京宣房大德置业投资有限公司，为法源寺历史文化街区保护提升项目实施主体。公司注重改善民生、文化保护，完善街区功能、提升街区活力，以旧城更新为己任，认真落实北京市新总规，打造文化彰显、百姓宜居、生态绿色、智慧高效、代际传承的历史文化精华区。致力于保护古城古建、讲述胡同故事、传承宣南文化、共创和谐社区。

北京天鸿圆方建筑设计有限责任公司

加入年份：2018 年

单位介绍：北京燕都中式建筑文化研究院隶属于北京市社会科学届联合会，是一家专门设计研究中国建筑文化的研究机构，隶属北京天鸿圆方建筑设计有限责任公司，包括建筑外檐、内檐装饰、园林景观、室内陈设等综合性建筑文化研究院。为党和国家领导人、国际友人、各界名流提供优质的文化服务。作品如"盘古大观"空中四合院、新鲜胡同改造、东四 75 号院、罗车公馆等。

北京市古代建筑设计研究所有限公司

加入年份：2018 年

单位介绍：成立于 1980 年，是中国最早的古建专业技术研究设计单位，有文物保护工程和建筑设计双资质。公司先后聚集国内一流古建技术专家，参与制定行业标准，发表了一批学术论文和专著。公司的业务从文物修缮到古建文化特色的规划、建筑、室内和景观设计。为包括故宫、北京大学、恒大、华润等商业客户及政府客户，创造各类经典作品。

微信公众号：营辰帮主 TCADRI　　官网：www.bjgjsj.com

北京华融基础设施投资有限责任公司

加入年份：2019 年

单位介绍：成立于 2006 年 5 月，为金融街投资（集团）有限公司二级公司，是西城区政府重点国有独资企业。基础公司以"阳光、责任、卓越"为核心价值观，以"建设美好城市，服务美好生活"为企业使命，以"成为城市更新和资产运营领域领先企业"为企业愿景。至今，基础公司成功实现了金融街核心区 30 余万平方米工作目标。

微信公众号：北京华融基础设施投资有限责任公司

官网：www.bjhrjc.com

北京金御房地产开发有限公司

加入年份：2019 年

单位介绍：北京金御房地产开发有限公司是西城区属国有独资企业，由西城区政府授权实施国家大剧院西侧住房和环境改善项目。2017 年 9 月该区域被《北京城市总体规划》列入历史文化街区保护范围。金御公司立足首都核心区发展要求，持续开展历史文化名城保护和城市更新，努力打造"和谐宜居、环境优美、文化彰显"的社区典范。

北京金恒丰城市更新资产运营管理有限公司

加入年份：2019 年

单位介绍：北京金恒丰城市更新资产运营管理有限公司成立于2019 年 4 月 26 日，是国资委下全资企业。北京市首例申请式退租和申请式改善的试点项目是金恒丰公司在菜西片区进行城市更新的第一站，以此为起点，金恒丰公司打造了一种生态和商业双向延长的可持续发展模式。在完成申请式退租以后，开启申请式改善，极大的改善居民的居住环境，同时做好老城保护和公共设施提升，再利用退租的可利用空间布局多元商业业态。为了长效保障片区的人居环境和商业运营，金恒丰公司引入智慧物业管理，开启智慧社区新时代，实现管理的可持续。补充公共设施，提升配套建设，实现环境的可持续；保护明清胡同和宣南会馆的历史印迹，实现文化的可持续；打造共生院落，推动退租院落盈利发展，实现经济的可持续。

微信公众号：菜市口西片区城市更新

德国 ISA 意厦国际设计集团

加入年份：2019 年

单位介绍：德国 ISA 意厦国际设计集团 1979 年成立于斯图加特，拥有 40 年规划实践经验，分支机构遍布欧、亚、南美洲，始终代表着世界最前沿的设计理念。Making People Valued 是核心价值观。工作范围涵盖产业研究与商业策划、新城城市设计、历史城市保护与规划、生态规划、旅游规划、公共空间 / 建筑 / 景观一体化设计等，先后荣获上百项世界竞赛大奖。

清源（北京）文化发展中心有限公司

加入年份：2019 年

单位介绍：清源（北京）文化发展中心有限公司携旗下北京国文琰文化遗产保护中心、清华大学建筑设计研究院有限公司文化遗产保护与发展中心、清源视野（北京）文化咨询有限公司等多方力量，根植于文化遗产保护的综合工程解决方案，并积极开展遗产保护管理咨询、能力建设、品牌提升和公众推广。自 2015 年起以"清源文化遗产"为品牌，建立覆盖多个重要媒体平台的宣传渠道，秉承"专业思维、国际视野、协同探索、分享新知"的理念，为营造文化遗产与人的连接而努力。清源文化遗产团旨在建立学界、业界与公众关于文化遗产保护的交流、互动、分享平台；传播颇具价值的文保资讯；发布团队最新的理论思考与实践成果，展现团队遗产保护观。

微信公众号：清源文化遗产

北京市西城区档案馆

加入年份：2019 年

单位介绍：北京市西城区档案馆是西城区永久保管档案史料的基地和社会各界利用档案信息的中心，同时也是西城区委、区政府命名的爱国主义教育基地和政府信息公开查阅中心。馆藏档案资料涵盖了全区 1949 年以来党政机关、企事业单位及其他组织形成的文书档案、科技档案、专门档案和反映本地区历史文化、城市建设、街巷变迁的照片档案。

微信公众号：西城档案

北京首都开发控股（集团）有限公司

加入年份：2019 年

单位介绍：北京首都开发控股（集团）有限公司（简称"首开集团"）是北京市市属国有大型企业集团，以致力打造全国领先的非经营性资产管理处置平台，成为城市有机更新的综合服务企业为战略定位，主业包括非经营性资产管理平台、房地产开发经营与物业管理和建筑工程。目前，集团资产总额超过 3000 亿元，连续多年入选中国企业 500 强。

微信公众号：首开关注　　官网：www.bcdh.com.cn

北京燕广置业有限责任公司

加入年份：2020 年

单位介绍：北京燕广置业有限责任公司（以下简称燕广置业）成立于 2012 年 5 月，公司注册资本金 16 亿元，是由北京市保障性住房建设投资中心和北京广安置业投资公司共同出资组建。

公司主要业务方向是保障性住房开发建设和老城有机更新两大业务，通过以外城保障房建设带动内城人口疏解的内外联动模式，促进老城更新工作。目前实施的保障房项目为大兴海户新村项目、丰台区南苑西城保障性住房项目、石景山酱菜厂项目；老城保护与更新项目：宣西文化精华区保护提升项目。公司充分发挥市区两级合作资源优势，立足外城保障性住房建设和老城有机更新两个核心业务板块，努力为西城区实现基本住房保障、老城传统风貌保护和文化复兴贡献力量。

微信公众号：宣武门外

感谢"四名汇智"主办人和团队一直以来的持续投入，精心组织各类名城保护文化主题活动。共同的努力让名城保护有了越来越多精彩、有意义的作品，在丰富的活动中探索着新故事，让我们的城市更多元，更宜居。愿"四名汇智"越来越茁壮。

北京市建筑设计研究院有限公司

愿同"四名汇智"一起，在历史文化名城保护的道路上砥砺前行，让文化与建筑交融、共生、碰撞，为名城、名业、名人、名景的接力传承贡献力量。

北京市住宅建筑设计研究院有限公司

文化是城市的灵魂，老城是文化的根，感谢"四名汇智"一直以来引领我们为传承历史文化助力，为老城保护事业增砖添瓦。希望"四名汇智"今后能够凝聚更多的智慧和能量，让老城保护意识深入每一个城市人的心，为老城保护实施拓展更宽的路。"四名汇智"，一路前行！

北京天恒正宇投资发展有限公司

希望"四名汇智"名城保护都能开花结果，感染到更多社会力量加入，感动到更多热爱名城保护名城的人们。

北京大栅栏投资有限责任公司

天桥集团将充分利用天桥演艺区的文化产业聚集优势，挖掘空间资源与独特历史印记，加快推进腾退房屋的改造利用，实现文化体验与文化产业的共生发展，塑造有活力、有文化魅力的历史街区，助力首都的历史文化名城保护与西城区文化发展。

北京天桥衡融投资有限公司

"凡经我手，必放光芒"，本着鲁班工匠精神、顺益兴四合院综合服务机构集聚四合院顶尖的建筑设计专家和杰出的院落开发团队为您排忧解难，真正支持广大四合院业主实现他们最大的心愿和梦想。

北京顺益兴联行房地产经纪有限公司

中华传统建筑文化的传承是我们义不容辞的使命和责任！

北京市古代建筑设计研究所有限公司

以申请式退租为起点，以片区居民的幸福生活为目的地，金恒丰公司一直在城市更新可持续发展的道路上前进着。未来可期，欢迎您与我们携手共同感受老城区的历史底蕴，共同挖掘老城区的文化与商业价值。

北京金恒丰城市更新资产运营管理有限公司

做历史文化名城的有力见证者和支持者！

北京市西城区档案馆

不忘本来，开创未来，助力"四名"计划，与城市共生长。

北京首都开发控股（集团）有限公司

燕广置业作为宣西文化精华区保护提升项目的实施主体，有幸加入"四名汇智"计划。秉着全心全意为人民服务的宗旨，未来将与更多社会力量一起携手开展名城保护工作，积极探索名城模式、推动名城保护活动，传播名城自有文化，实现名城社会价值。愿"四名汇智"计划蓬勃发展，为名城保护工作开辟新思路、创新新模式、发动新力量，最终实现名城保护的总目标。

北京燕广置业有限责任公司

"四名汇智"计划发起单位
北京市西城区历史文化名城保护委员会办公室
北京市西城区历史文化名城保护促进中心

"四名汇智"计划专家委员会
西城区历史文化名城保护委员会专家委员会
四合院建造专业委员会
胡同保护专业委员会
青年工作者委员会
志愿者委员会
文化传播专业委员会

"四名汇智"计划理事单位
北京大栅栏琉璃厂建设指挥部
北京天桥演艺区建设指挥部
北京什刹海阜景街建设指挥部
和谐宜居示范区建设指挥部
北京市城市规划设计研究院
北京市建筑设计研究院有限公司
北京筑合建筑设计有限责任公司
北规院弘都规划建筑设计研究院有限公司
北京市住宅建筑设计研究院有限公司
北京华融金盈投资发展有限公司
北京天恒正宇投资发展有限公司
北京大栅栏投资有限责任公司
北京天桥衡融投资有限公司
北京顺益兴联行房地产经纪有限公司
北京市规划展览馆
北京宣房大德置业投资有限公司
北京天鸿圆方建筑设计有限责任公司
北京市古代建筑设计研究所有限公司
北京华融基础设施投资有限责任公司
北京金御房地产开发有限公司
北京金恒丰城市更新资产运营管理有限公司
德国 ISA 意厦国际设计集团
清源（北京）文化发展中心有限公司
北京市西城区档案馆
北京首都开发控股（集团）有限公司
北京燕广置业有限责任公司

BEIJING SIMING HISTORICAL TOWN PRESERVATION COOPERATION PROGRAM

2020 名城保护文化活动

SIMING COOPERATION PROGRAM
四名汇智 计划

BEIJING SIMING HISTORICAL TOWN
PRESERVATION COOPERATION PROGRAM

北京市西城区历史文化名城保护促进中心
与名城委青年工作委员会等多家单位
共同开展的名城保护行动支持计划
旨在支持公众自发的名城保护活动
培育公众力量、推动文化共识、助力名城保护

西城名城保护

西城档案馆

北京市城市规划设计研究院

北京市建筑设计研究院有限公司

北京院公共规划建筑设计研究院

北京市城市规划设计研究院有限公司

广安控股

天街盛世集团

白塔寺再生计划 BAITASI REMADE

天恒集团

融昌兴四合院

筑境建筑

北京规划展览馆

北京天鸿园方建筑设计有限责任公司

清源（北京）文化发展中心

宜居大兴

北京市古代建筑设计研究所

英国ISA建筑规划设计集团

振广置业

北京华融基础设施投资有限责任公司

SHOKAI首开
践行责任 构筑美好

北京首都开发控股（集团）有限公司

西城御园

北京金御房地产开发有限公司

后 记

"四名汇智"计划成立至今已是第四个年头，已为 249 个团队和
个人提供支持，举办活动超过五百场，写进区政府工作报告、在
故宫举办展览、区长在北京电视台接受采访推介、每年举办年会
等，一点一滴的成果不断累积，回顾过往，出书记录这段历程，
自有一番感触。

2012 年，时任西城区区长王少峰在一次工作会议上，提出"四名"
的概念，在原有"名城"的基础上拓展了"名业、名人、名景"
的内容，西城区的"四名"概念有了雏形。后续,为了完善"四名"
的理论意义，我通过民政部一位处长，结识了中国文物保护基金
会的秘书长安然，提出希望中国文物保护基金会能帮助西城把"四
名"这个基层独创的概念理论化，安秘书长欣然应允，介绍了《人
民日报》海外版的高级编辑齐欣老师来研究关于"四名"的课题。
2014 年底在西城区历史文化名城保护委员会年会上，西城区和中
国文物保护基金会签署了战略合作协议，协议里专门提到中国文
物保护基金会协助西城区开展名城保护"四名"工作体系的深入
研究。2017 年初召开的 2016 年度西城区名城保护年会上，齐欣
老师根据研究的成果对"四名"工作体系做了专题发言。

在王少峰区长提出"四名"概念后，"四名"的内涵在不断的演
化和完善，"四名"的理念也在不断被更多人知晓。但实事求是
地说，限于政府架构的惯性，以"四名"的视角调整我们的工作
体系没有太大的实质性进展。

如果"四名"仅是一个理念，没有落地的实践，估计很快会随时
间而湮没。为了更好地实践"四名"的理念，我们需要找到和行
动结合的载体。

在平时的工作中，我们观察到，有意愿组织、参与名城保护的社
会组织和个人还是大有人在的，整体活动的数量也有一定规模，

但相对比较松散，很多活动可能就是在资金或是场地上缺乏一点必要的支持，就夭折在想法阶段。这正是我们可以有所作为的地方，帮助提供组织性的平台支持，包括资金、场地和协调关系等。

有了好的想法，还需要找到合适的人来操持。很幸运，赵幸和王虹光两位有热情、有能力的年轻人正好有缘与我们走到一起。两位都是清华大学毕业的精英，有正式工作，业余时间热心公益和名城保护，是典型的新时代斜杠青年。当我们提出想法后，她们毫不犹豫地扛下了这个"吃力不讨好"的担子，"四名汇智"计划秘书处就这样成立了。

有了操持的人，还得有资金和资源。我们开始拉赞助，大多数企业了解"四名汇智"计划后都非常爽快地答应，加入的"金主"和理事单位越来越多，因为"四名汇智"不仅给社会组织和个人提供了平台帮助，也为企业开阔了接触更多社会组织的视野，帮助企业更方便地找到能适配企业发展需求的活动项目，大家能在平台上相互促进、共同成长。目前"金主"已接近 20 家。

有了人，有了钱，"四名汇智"开始起步。2017 年，公开招募38 个团队，2018 年 70 个，2019 年 81 个，2020 年虽面临新冠疫情，仍有 60 个……为了更好地服务"四名汇智"计划的执行，2019 年底我们支持成立了公益性社会组织"北京市西城区众志城市营造促进中心"。2020 年 10 月，"四名汇智"计划参与发起成立的"德胜城市探索中心"，在德胜门对面鼓西大街西南街角正式开馆。

看到不断壮大的参与队伍，我们感受到众人不断聚集到一起的热情，而这又令我反思，我们这样做的意义何在？有一天，我问赵幸："保护历史文化遗产的哲学意义是什么？"赵幸说："可能是，哪天人类不存在了，外星人来到地球，看到人类留下的这些文化遗产，觉得这是一群有意思的人。"有趣的回答。

但保护历史文化遗产从来就不是一件轻松和有趣的事，一直面临着各种危险和挑战，尤其是中国进入近代，当传统文化乏力对抗西方从物质和思想的冲击，保留这些历史文化遗产的物质载体有什么意义，自然成为很多人的疑问。1946年，沈从文先生感叹"若所保留下来的庄严伟大和美丽缺少对于活人的教育作用，只不过供游人赏玩……北平的文物，作用也就有限。"文化价值值得思索，"能不能激发一个中国年轻人的生命热忱，或一种感印、思索，引起他对祖国过去和未来一点深刻的爱？能不能由爱，此后即活得更勇敢些、坚实些，也合理些？"

在中国基本认同西方"现代化"物质概念的过程中，中国历史传统文化曾经经历了被无情地祛魅、被批判的阶段，历史文化遗产随之大量快速消失。改革开放后，市场经济逐步主导社会的经济运行，保护历史文化遗产所面对的挑战一点也没减弱，反而迎来了更加骤急的风暴和销蚀，借用汉娜·阿伦特针对欧美社会的分析所指出的，所谓的"文化市侩主义"渐渐侵蚀了大众社会的潜意识，"文化物品是首先被文化市侩贬为无用"，因为经济上的"无用"，所谓"老旧"的东西被改造成能够快速复制带来高交换价值的高楼大厦，当城镇化扩张到接近饱和加之生态恶化的反制，纳入资本主义生产和消费链条的驱动已然从物理空间的增加，逐步转向对所有空间再生产再消费的增值，文化物品"被他们当作货币——用于购买社会中更高地位或者获得更高程度的自尊"，历史文化遗产面临的威胁从实体的消失转为文化价值的消失，"文化价值等同于任何其他价值，成为交换价值，它们像破旧的分币一样从一双手到另一双手的传递过程中被损耗。它们失去了原初所有文化物件中特有的那种能力，亦即吸引我们、感动我们的能力。"

当今的社会，市场经济的无孔不入和科技似乎无可不及的超越发展，人类好似已被劳动和消费所掌控。"在奔流不息的金钱溪流中，所有的事物都以相等的重力飘荡"（齐奥尔格·西美尔）。我们发自内心、不考虑交换价值，对历史传统关爱的纯真感情在技术现代性（工具理性）非人格化的笼罩下愈显弥足珍贵，这种感情和历史文化遗产的结合也可能是我们未来能够对抗金钱侵蚀、不被技术理性所奴役、保持思想自由最重要的力量源泉。

按照汉娜·阿伦特的解释，西方"文化"一词起源于罗马，意为耕作、居住、呵护、关照、维持等，它首先涉及人和自然的关系，因为它的基本意义是呵护自然，让自然变得适合人居住。文化的两个意义：一是把自然培育为适合居住的地方，二是呵护过去的遗产、过去的见证——结合起来，决定了我们所说的文化的内涵，即使今天仍然如此。"保护历史文化遗产的行动是文化的应尽之意，"四名汇智"计划正是在为培育那些能呵护我们伟大历史文明的新生力量尽一点绵薄之力，我似乎找到了回答我自己提出问题的答案。

"四名汇智"计划能顺利走到今天，特别感谢两位秘书长赵幸和虹光无私的奉献，每年的统筹、协调、沟通、调度、督促、宣传、文案、协助报销、年会策划、布展等一大堆繁琐和耗费时间的工作，包括此次出书的策划、收集、统稿、排版和联系出版等事宜，都是她们利用个人业余时间、不计报酬完成的。当然也要感谢所有参与"四名汇智"计划的团队、单位和个人为这个公益项目辛勤的付出。感谢大家支持，特别感谢单霁翔院长、中国建筑工业出版社，才使这本凝聚众人心愿的小书终能付梓，但也非常遗憾和可惜，由于篇幅所限，书中不能完整记录所有团队的事迹，只能忍痛割爱。

肆虐全球的新冠肺炎疫情似乎还没有完全结束的迹象，我们已经迎来了 2021 年，北京今年的冬天格外的冷，1 月 7 日的早晨据说是 1966 年以来最冷的一个清晨，"四名汇智"计划的热度却没有减，大家一直向前。

倪锋

2021 年初

图书在版编目（CIP）数据

名城保护的智力众筹：北京"四名汇智"计划实录：
2017—2019 /"四名汇智"计划秘书处，北京市西城区
历史文化名城保护促进中心编 . —北京：中国建筑工业
出版社，2021.5

ISBN 978-7-112-26196-3

Ⅰ.①名… Ⅱ.①四…②北… Ⅲ.①文化名城—保
护—研究—北京—2017-2019 Ⅳ.① TU984.21

中国版本图书馆 CIP 数据核字（2021）第 099710 号

责任编辑：兰丽婷　陆新之　黄　翊
书籍设计：韩蒙恩

名城保护的智力众筹　　北京"四名汇智"计划实录 2017—2019

"四名汇智"计划秘书处
北京市西城区历史文化名城保护促进中心　　编
　＊
中国建筑工业出版社出版、发行（北京海淀三里河路 9 号）
各地新华书店、建筑书店经销
北京点击世代文化传媒有限公司制版
北京富诚彩色印刷有限公司印刷
　＊
开本：880 毫米 ×1230 毫米　1/32　印张：7¼　插页：1　字数：213 千字
2021 年 5 月第一版　2021 年 5 月第一次印刷
定价：68.00 元
ISBN 978-7-112-26196-3
　（37614）